ライチョウ

二万年の奇跡を生きた鳥

中村浩志

農文協

ライチョウ・フォトアルバム

氷河期に大陸から移住してきた日本のライチョウは、
日本の高山という環境に、あらゆる面で見事に適応し、
今日まで奇跡的に生き残ってきた。
苛酷な環境でけなげに生きる、ライチョウたちの1年を追ってみよう。

3月初め、繁殖地である高山帯に姿をみせた2羽の雄。
まだ高山帯は一面の雪で、餌は得られない。
様子をみに、一時的に下から上がってきたのだろうか。

春

右.雪解けが進んで、ライチョウがなわばりを確立し、つがいとなる5月の時期の畳平。乗鞍岳の中心に位置する観光地で、バスターミナルとホテルがある。後ろにみえるのが、穂高岳とそれに続く北アルプスの山々。

右下.尾羽を立てて広げ、目の上の赤い肉冠を広げて雌に求愛する雄。4月初めに高山にもどってきた雄は、まずなわばりを確立し、訪れた雌に盛んに求愛する。まだ広く雪原でおおわれるこの時期には、雌雄ともに白い姿のままである。

下.雪が解けたハイマツの脇で休息する、つがいとなったばかりの雌雄。雄は、つがいとなった後もたえず雌に求愛行動を続け、雌に付き添って護衛し、行動をともにする。

5月初め、岩の上でなわばりの見張りをする雄。つがいとなった後も、雄はなわばりの見張り行動を続けるが、雌がハイマツに隠れて過ごす場所をときどき訪れて、つがい関係を維持している。

5月中旬になると、つがいとなった雌は、背の低いハイマツの中で、巣に適した場所を探すようになる。
雌の姿をみかけなくなり、突然ハイマツの中から姿を現すのは、このころ。

雪の上でにらみ合っての雄同士のなわばり争い。なわばり防衛のため、
また、つがいとなった雌を守るために、この時期には雄同士の争いがたえずみられる。

夏

上.6月中旬、背の低いハイマツの中につくられた巣で、抱卵中の雌。巣にはハイマツの隙間（窓）があり、そこから外の様子がみえるようになっている。

下.7月上旬、孵化間近の巣と卵。巣は皿状で、ハイマツの枯葉が厚く敷き詰められている。白い羽は、雌の腹部に生えていた羽毛。

上.孵化した直後の雛連れの家族。孵化した雛を守り育てるのは雌親。
雄親は、卵を温めることも、雛の世話もまったくしない。
下.孵化後1か月が経過した雛。このころになると雛は飛べるようになり、体温調節もできるようになる。
雌親と雛は、ともに夏の時期の環境に溶け込んだ保護色をしている。

9月下旬、紅葉の最盛期を迎えた秋の乗鞍岳。ナナカマドが赤、
ダケカンバが黄色に色づき、ハイマツの緑とのコントラストが美しい。

秋

9月中旬、紅葉がはじまったころのライチョウの家族。
雛はすっかり大きくなり、雌親(中央)とほぼ同じ大きさにまで成長した。
あと2週間ほどで初雪の時期を迎え、雛は親から独立する。

12月、ダケカンバのある森林限界付近で越冬する雄の群れ。森林限界付近で越冬するのは、すべて雄だった。冬の時期のおもな餌は、雪の上に出たダケカンバの冬芽。

日中、雪にもぐって休息していたが、人が近づいたため、雪から顔を出した雄。寒さを防ぎ、また天敵から身を守るため、新雪の中に雪穴を掘り、雪の下に身を隠す術をもっている。

ダケカンバの根元で休息する雄。よく晴れた日の夕方、気温がかなり下がると、不思議なことにライチョウの白い体は、うっすらとピンク色に色づく。

冬

右.4月初め、真っ白な冬羽のままつがいになった雌雄。冬の間、雄は嘴と目の間の羽毛が黒いので、雌と区別ができる。繁殖期になると、雄は目の上の真っ赤な肉冠が目立ってくる。

上.4月初め、冬羽から繁殖羽への換羽が首と頭部からはじまった雄。白い冬羽が抜け落ち、代わりに黒い繁殖羽が生えはじめたところ。繁殖羽への換羽は、雄の方が雌よりやや早く開始する。

下.冬羽から繁殖羽への換羽途中の雌。頭から尾にかけての体の上面に、茶褐色の繁殖羽がまばらに伸びてきた状態。

冬羽

●ライチョウの換羽②

繁殖羽

右.繁殖羽の雌雄。雄は頭から背、腰にかけての上体が黒っぽいのに対し、雌は茶褐色である。繁殖期の雌雄は、この色のちがいですぐに区別できる。また、雄は目の上の赤い肉冠が大きく発達していることからも区別できる。

上.繁殖羽から秋羽への換羽途中の雄。茶褐色の体上面の繁殖羽が抜け、代わってくすんだ黒褐色の秋羽が生えてきて、繁殖羽と秋羽とが斑の状態にある。
下.繁殖羽から秋羽への換羽途中の雌。背中から尾にかけてはくすんだ黒褐色の秋羽になっているが、脇腹と首には、黄褐色の繁殖羽がまだ残っている。

右.紅葉がはじまる9月、くすんだ黒褐色の秋羽となった雄（上）と、脇腹の一部を除きほぼ秋羽となった雌（下）。秋羽への換羽で、雌雄ともにまわりの岩などに溶けこんだくすんだ黒褐色になるので、雌雄の区別がつきにくくなる。

上.11月のはじめ、秋羽から冬羽への換羽途中の雄。換羽途中に雪が降っても、植生の中にいると目立たない保護色である。嘴と目の間に黒い羽毛が生えはじめ、すでに冬羽の雄の特徴がみられる。

下.秋羽から冬羽への換羽途中の雌。秋羽が抜け、代わって白い羽が伸びてきて、秋羽と冬羽の斑模様の状態にある。すでに嘴と目の間には白い羽毛が生え、冬羽の雌の特徴がみられる。

●ライチョウの換羽③

秋羽

上.色とりどりの高山植物が花を咲かせた7月のお花畑。これだけ見事なお花畑を今に残す国は、少なくとも先進国の中では日本だけである。このお花畑の中で、ライチョウの子育てが行われる。ここに、シカの群れが入ったらどうなるか。われわれは、このお花畑をつぎの世代に残せるだろうか。

右.岩場でいっせいに花を咲かせたミヤマキンバイ(黄色)、オヤマノエンドウ(赤紫)などの高山植物。これらの花や葉も、ライチョウの餌となる。

右下.7月の梅雨明けのころに花を咲かせるコマクサ。「高山植物の女王」ともいわれている。なぜか、ライチョウの餌としては好まれない。

お花畑

目次

はじめに

ライチョウという鳥をご存知だろうか。

北アルプスや南アルプスの高山に登ったことのある人なら、登山道で突然、この鳥に遭遇した経験をお持ちの方も多いだろう。ニワトリよりひと回りほど小さい鳥で、梅雨明けの七月後半から八月の時期には、母鳥が可愛い雛を連れている姿をみることができる。人を恐れることがなく、目の前でじっくり観察できるので、初めて出会った人には強い印象を残すにちがいない。

ライチョウは、ほぼ年間を通して高山帯に生息している。夏の時期には白・黒・茶の斑模様をした地味な姿をしているが、冬には真っ白な姿に変わる。これは、高山が雪でおおわれる冬の時期には、白い羽で全身をおおうことで、天敵から目立たないようにして、身を守っているのである。逆に雪のない夏の時期には、白い姿では目立ってしまうため、まわりの環境に合わせて地味な姿に変える。四季の変化に合わせて羽の色を変えるこれらの保護色は、この鳥が高山帯という厳しい環境のもとで獲得した、生きるための知恵である。

また、高山にすむため、ライチョウは鳥の中では珍しく、年間を通してほぼ植物のみを食べる鳥である。季節の変化に合わせて芽、葉、花、種子を食べ、多様な種類の高山植物を餌にしている。

ところで、ライチョウは日本だけに生息する鳥ではない。北半球北部の北極を取り囲む地域に、広く分布している。そのうち、日本のライチョウは北の集団から完全に隔離され、世界の最南端にポツンと孤立した集団なのである。大陸と日本列島がほぼ陸続きだった最終氷期に、日本のライチョウの祖先は大陸から入ってきたが、その後、大陸とは海で隔てられ、北へもどることができなくなった。日本に取り残されたライチョウは、その後の温暖化とともに気温の低い高山へと逃れることで、世界最南端の地で、今日までかろうじて生き延びてきたのである。

現在、日本のライチョウは、北アルプスと南アルプスのほか、御嶽山、乗鞍岳、さらに新潟県の火打山・焼山といった本州中部の高山帯のみに生息している。生息数は、いまから三〇年ほど前に実施された調査では約三〇〇〇羽と推定されていたが、最近の調査では南アルプスなど多くの山岳で減少傾向にあり、二〇〇〇羽以下と推定されている。

日本のライチョウの生活の実態は、この十数年間の研究によって飛躍的に解明されることになった。氷河期に日本列島に移りすんだ日本のライチョウは、日本の高山環境にあらゆる面で適応することで、きわめて特殊な進化を遂げてきた鳥であることがわかってきた。一般に生き物は、他種との関係に適応するために進化をとげていく。それに対して日本のライチョウは、競争相手のいない高山という厳しい環境に移りすんだがゆえに、ただひたすら環境に適応する方向へと進化していったのである。

また、人を恐れないという行動も、日本のライチョウに特有のものであることがわかった。世界のほかのライチョウとは決定的に異なるこの行動は、古来、日本人が培ってきた日本文化と密接に関係するものだった。つまり、日本のライチョウの生態や行動には、日本の高山環境のみならず、かつての日本人の生き方までもが、深く影響していたのである。

本書では、新たに解明された日本のライチョウの生態や進化について、詳しく紹介していく。そして、ライチョウが氷河期以来、日本の自然との絶妙なバランスのもとで、今日まで奇跡的に生き残ってきた意義をあらためて考え、野生動物の保護のあり方や、現代人の生き方そのものについても、問い直してみたいと思う。

第1部
画期的な調査方法

1章 すべてのライチョウを捕獲せよ!

カスミ網でチャレンジ

二〇〇一年九月九日。乗鞍岳にはまだ多くの観光客や登山者が訪れていた。そんな登山者たちの道から離れ、人目につかない室堂平と五の池周辺で、私と四人の学生たちは密かにライチョウを一網打尽にしようと企んでいた。カスミ網を張ってそこにライチョウを追い込み、片っ端から捕まえていこうという作戦である。乗鞍岳に生息するライチョウの数は、約一二〇羽。そのすべてを捕まえて、標識してしまおうという途方もない計画のスタートだった。

昼ごろ乗鞍岳に到着した私たちは、午後からこの一帯でライチョウを探しはじめた。この日は、ときおり霧がかかる曇り空で、ライチョウが出没しやすい「ライチョウ日和」。

見通しが悪いと天敵からみつかりにくくなるため、安心して出てくるのである。さっそく、室堂平で雄三羽と雌二羽の群れを発見。急いで近くに用意した竹の棒を二本立て、長さ八メートル、高さ一・五メートルほどのカスミ網を設置する。竹の棒は紐で岩にしっかりくくりつけ、風が吹いても倒れないようにして、準備完了である。

さて、つぎはライチョウをカスミ網へと追い込まねばならない。五人で群れを取り囲み、カスミ網の方向へじわりじわりと迫っていく。ライチョウの群れはとくに危険を察する様子もなく、のんびり歩き、ときどき餌をついばみながらカスミ網に近づいていった。網の手前五メートルに来たところで、私が「それっ！」と大声をあげる。それを合図に、全員で網に向かって突進した。

しかし、作戦はものの見事に失敗。ライチョウはカスミ網を飛び越えたり、われわれの足元をすり抜けたりして、網にかかる個体は一羽もいない。それならばと、一羽だけにねらいをつけ、同様に追い込こんでみたが、またも易々とすり抜けられてしまった。あまりのふがいなさに、「何をしてる、ライチョウよりも速く走れ！」と学生たちに檄を飛ばすのだが、おっとりしてみえるライチョウも、いざとなると俊敏で速く走れるのである。その後も何回か、サッカーゴールに向かってボールを蹴り込むように、全員で大声を出してライチョウを追ってみたが、まるでうまくいかなかった。

無理もない。ほぼ平らな場所に設置したカスミ網は、ライチョウから丸みえなのである。いくらライチョウが人を恐れないとはいえ、さすがに考えが甘かった。しかし、逃げたライチョウは追われたことをまるで気にする様子もなく、また近くで群れになっている。

今度は、カスミ網の設置場所を変えてみることにした。高さ一メートル、幅二メートルほどのハイマツの塊があったので、その裏側にカスミ網を設置し、ハイマツの手前までライチョウを追い立て、一気に追い込んでみた。そうして、やっとのことで最初の一羽を捕獲することができた。

さっそく、体重や翼長などを計測する。番号入りの金属足環一個と、色のついたプラスチック足環三個を左右の足に二個ずつ付け、個体識別ができるようにしてから放鳥した。このときすでに、捕獲をはじめてから三時間が経過していた。捕獲を逃れた群れはまだ近くにいたが、もう一度追う気力は残っていなかった。私も学生たちもライチョウを追い回すのに疲れはて、思うように捕獲ができないことに、すっかり意気消沈していたのだ。翌日あらためて挑戦することにして、この日はふもとの高原にある宿へ下山することにした。

翌日は、室堂平に隣接する五の池周辺に場所を変え、そこでみつけた雌一羽と雛五羽の家族を追い回し、雛四羽を捕獲した。雛は親鳥にくらべて動きが遅いので、長時間追い回した末に、なんとかカスミ網に追い込むことができた。午後には不動岳でみつけた

体重などを測定し終えた後、両足に色のついた足環をつける。
この色の組み合わせのちがいで、1羽1羽が個体識別される。

雄二羽を捕獲できたが、この日一日がかりで五人で頑張った成果が、たったの六羽。これでは、あまりにも効率が悪すぎる。

長野市内にある大学にもどって気を取り直した私は、九月下旬にふたたび捕獲を試みた。しかし、今度も二日間かけての成果が、雄二羽、雌一羽、雛三羽の計六羽で、一向に効率は改善されない。これらの体験を通じて、カスミ網による方法で全山のライチョウをすべて捕獲し、標識することは、きわめて困難であることを思い知らされた。

最も効果的な捕獲方法は〝ライチョウ釣り〟

じつは、ライチョウをカスミ網で捕獲する方法は、われわれよりも一五年ほど前から富山雷鳥研究会が北アルプスの立山で実施している。私自身も五年前に、北アルプスで一度試みている。当時、東京大学農学部の大学院生だった重松雄さんが白馬槍ヶ岳でライチョウの調査を実施することになり、私がその手伝いをしたさいに、二人でライチョウを追い回し、数羽をカスミ網で捕獲した。そのときの経験から、もっと大勢で追えば、カスミ網で容易に捕獲ができるだろうと簡単に考えていたのである。

ところが実際にやってみると、一〇〇羽を超える乗鞍岳全体のライチョウを捕獲するには、新たな捕獲方法が必要だと痛感した。そして思案の末に思いついた方法は、釣竿の先にワイヤーを付け、そのワイヤーをライチョウの首にかけて捕獲するという、とんでもない方法だった。そっと近づけば二〜三メートルの距離にまで接近できるから、ライチョウの首にワイヤーを掛けることは容易だろう。長野市内にあるホームセンターに出かけ、使えそうなワイヤーを探した。探し回った末に、植木鉢などを吊るのに使われる適当な太さと長さのワイヤーを調達。そのワイヤーに手を加え、最先端の細い部分を取り除いた釣竿の先に通して、ワイヤーが抜けないように固定した。これなら、釣竿を杖代わりに持ち歩くこともできる。

ただ問題は、釣竿の先に付けたワイヤーが、ライチョウを傷つけてしまう恐れがあることだった。首の骨が折れでもしたら、特別天然記念物のライチョウを殺してしまうことになる。はたしてこの乱暴とも思える方法で、本当に大丈夫だろうか？

心配ばかりしていてもはじまらない。思い切って実際にこの新たな方法で、ライチョウを捕獲してみることにした。一〇月中旬に、ふたたび学生たちを動員。しかし、前回の経験で懲りていた学生たちは、「えっ！　またですか……」と、いまひとつ気乗りがしない。そんな彼らを「大丈夫だ。今度はきっとうまくいくから」と、どうにか説得し、この年三度目の捕獲に挑んだ。

一〇月にもなると、ライチョウの雛は親鳥とほぼ同じ大きさまで成長し、外見では親鳥と区別がつきにくくなっていた。さっそくライチョウをみつけると、今度は私ひとり

釣竿の先にワイヤーの輪をつけ、ライチョウの首にかけるという新たな捕獲方法“ライチョウ釣り”。
この方法により、効率的に捕獲し、標識できるようになった。

で、そっとライチョウに近づいた。いぶかる学生たちが後ろで見守る中、私は恐る恐る釣竿の先のワイヤーを、ライチョウの首にそっとかけた。ライチョウはいやがり、逃げようとして、自然にワイヤーの輪が絞られる。その途端、ライチョウが大暴れしたため、私はあわててライチョウに飛びつき、手で抑え込んで首のワイヤーを外した。捕獲にかかった時間はほんの数秒間で、ライチョウはまったくの無傷。捕獲は完全に成功である。思わず「やった！」と叫んでいた。

この後、もう一羽を別の場所で捕獲したが、同様に無傷で問題はなかった。みていた学生たちは、「まるで、山の上でライチョウを釣っているみたいですね」と面白そうにいう。その通り。私自身、ライチョウを捕らえた瞬間は、大きな魚を釣り上げたような感覚だった。以後、この新しい捕獲方法は〝ライチョウ釣り〟と呼ばれることになる。そしてその後の三日間で、計二二羽のライチョウを捕獲することができた。

ライチョウ釣りはカスミ網での捕獲にくらべ、はるかに優れた捕獲方法だった。網を張る時間がかからず、みつけたらすぐに捕獲にかかることができる。また、ライチョウを大勢で追い回す必要がないので、ライチョウを警戒させずに捕獲することができるし、高山植物を踏み荒らすことも少なくてすむ。さらに、ライチョウ釣りはひとりでもできる。三人いれば三方向から取り囲み、ライチョウを動けなくしてより効率的に捕獲できるが、そっと近づけばひとりでも可能なのだ。

釣竿をぶら下げて逃げたライチョウ

効率的な捕獲方法を確立したからといって、すぐに乗鞍岳のすべてのライチョウを捕獲し、標識できたわけではなかった。それを行うには、かなりのまとまった日数と労力が必要である。当時私は、カッコウの研究に忙しく、ライチョウの捕獲に専念する余裕はなかった。私の研究室に修士課程の院生として入学し、いっしょにライチョウの捕獲をはじめていた北原克宣君も、捕獲ばかりしていたら修士論文はまとまらない。彼が卒業した後に、卒業研究としてライチョウ調査をすることになった瀧澤輝佳君も同様である。標識する作業そのものは、研究ではない。それはあくまで準備であって、研究はその後にはじまるからである。

そこで、北原君や瀧澤君がひとりで調査するときには、標識した個体を観察する自分の研究に専念してもらうことにして、私が参加できるときにだけ、捕獲と標識を行うことにした。そのようにした理由は、もうひとつあった。それは捕獲やその後の標識などの作業時に、ライチョウを死なせてしまう事故を極端に恐れていたためである。いくら調査のためとはいえ、特別天然記念物のライチョウを死なせるわけにはいかない。だからライチョウの捕獲、標識作業は、かならず私がいるときに実施し、学生や院生だけではやらないことにした。そう決めたのは、ある事件がきっかけだった。

捕獲をはじめて二年目の春先、いよいよ本格的にライチョウの捕獲、標識作業を進めようと張り切って調査に出向いたときのこと。高天ヶ原の急傾斜地で、ライチョウをみつけた。岩の上で見張りをしているその雄の首にワイヤーを掛けた瞬間、私はつまずいて倒れ、思わず捕獲用の釣竿を離してしまった。すると、想像もしなかったことが起きた。そのライチョウは、ワイヤーを首に掛けたまま、釣竿をぶらさげて一〇〇メートルほど下まで飛んでいってしまったのである。

急いで学生たちとその場に駆け降りると、ライチョウはさらに一〇〇メートル下まで飛んで逃げた。そんなことが三回も続いた後、ライチョウより先回りしてさらに下に降り、下からみんなで上に追い上げることで、ようやく捕獲することができた。ライチョウは、自分の体重とほぼ同じ五〇〇グラムもある釣竿を持ち上げて下に飛ぶことはできるが、上に向かって飛ぶことはできないことに気づいたからである。最初の捕獲場所から、標高にして二五〇メートルも下に来てしまったため、背の高いハイマツをかき分け、もとの場所までもどるのに大変な思いをすることになった。

もし、学生や院生たちだけで捕獲していたときに、このようなことが起こったら、適切に対応できるだろうか。首に釣竿付きワイヤーをかけられたままのライチョウを放置すれば、死亡してしまうにちがいない。この経験で、ライチョウ釣りは決して安全な捕獲方法ではないことを実感した私は、全山のライチョウを標識するには、時間がかかってもすべて私の立ち会いの下で行うことに決めたのである。

ただし、私の日程が取れても、研究室の学生や院生がいつも同行できるわけではなかった。それぞれに自分の研究テーマを持っているからである。それに、多くの学生は、一度ライチョウの捕獲調査に同行したら、もうそれで充分だと思ってしまう。高山帯での捕獲を含む調査は、きわめて過酷だ。そこで研究室の学生だけでなく、山好きな学生やライチョウに関心を持っている一般の方など、多くの人の協力を得ることにした。捕獲と標識は、繁殖期の五月と六月、雛が充分大きくなった九月と一〇月に集中して行った。そして五年後の二〇〇五年には、目標のほぼ九割の個体に標識でき、以後はその年生まれの個体を毎年秋に標識するのみとなった。

ところで、なぜ私が、これほどまでして全山のライチョウの捕獲にこだわるのか、疑問に思われた方もいるだろう。それを理解していただくには、日本のライチョウ研究が、これまでどのように行われてきたのかを知る必要がある。次章では、日本における人とライチョウとのかかわりの歴史と、これまでに行われてきたライチョウ研究の流れを振り返ってみることにしよう。

2章 なぜ、ライチョウを捕獲するのか

日本人とライチョウ

日本のライチョウは、これまでどのように記述され、研究されてきたのだろうか。まずはその歴史を、ごく簡単に紹介しておきたい。

日本の文献にライチョウが初めて登場するのは、いまからおよそ八〇〇年前。歌集『夫木和歌抄』(一二〇〇年)に収められた後鳥羽院の和歌である。

しら山の　松の木陰にかくろひて　やすらにすめるらいの鳥かな

これは、岐阜県と石川県の県境にある白山のライチョウを詠んだものだ。日本には、

高い山に神がすむという山岳信仰が古くからあり、信仰を目的とした登山が古くから行われていた。そうして白山に登り、ライチョウをみた人の話が京都に伝えられ、後鳥羽院の耳にも入ったのだろう。このころには、京都から白山をみることができたのかもしれない。

だが、ライチョウが庶民にも広く知られるようになったのは、江戸時代になってからである。全国の霊山の中でも白山、御嶽山、立山にはライチョウがすむことが知られ、ライチョウの絵がいくつも描かれるようになった。しかし、その多くは、実際にみて描いたとは思えないもので、人の話をもとに絵師が描いたものだった。この時代には、加賀藩が白山や立山など、領内に生息するライチョウを積極的に保護している。黒部に奥山廻り役を派遣して巡検させているほか、ふもとの村にも監視を命じ、一六四八年には立山一帯のライチョウ、松、花、硫黄などを盗むものがいないか、見回って監視するよう申しつけている。

江戸時代中ごろには、雷を意味する「雷鳥」という呼び名が定着し、一般の人々にも広く知れ渡っていたことを示す逸話がある。一七〇八年、京都の大火災で御所が焼けたさい、先の後鳥羽院の和歌が書き添えられたライチョウの絵のあった建物だけが、焼失を免れた。この話は当時広く流布され、ライチョウを描いた御符が、火災と雷よけのお守りとして出回った。

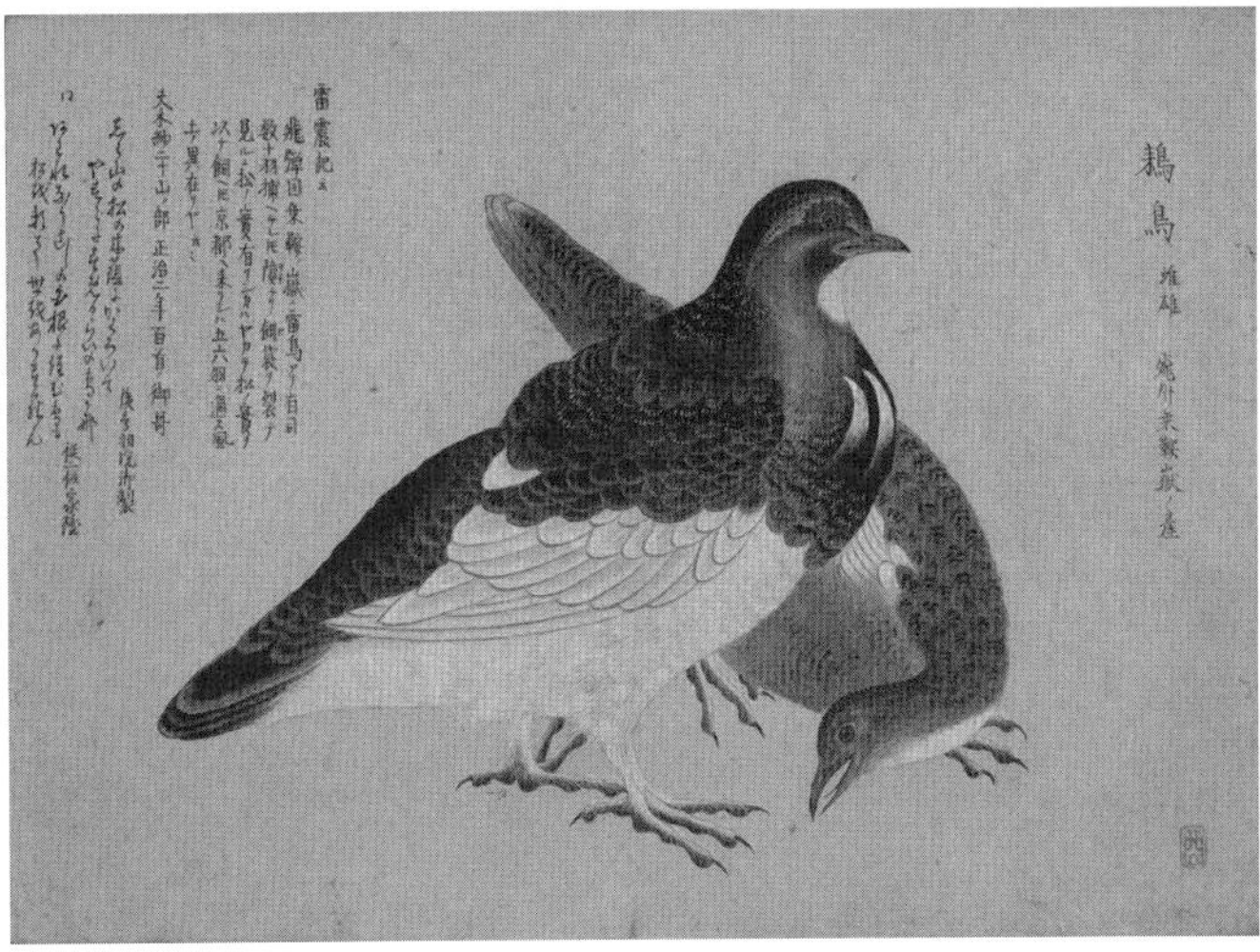

上.井出道貞『信濃奇勝録』(1834)に描かれた雌雄の写生図。
江戸時代に描かれたライチョウの絵は、人の話をもとに描かれているので、実物とは異なっている点がいくつもみられる。
下.毛利梅園(1798~1851)が描いたライチョウの雌雄。『梅園禽譜』(1839)より。

このように、ライチョウは古くから山岳信仰と結びついて、神々が鎮座する霊山にすむ鳥として知れ渡り、さまざまな迷信や伝説が語りつがれてきたことがわかる。

これまでのライチョウ研究

ライチョウに関する資料をまとめ、科学的な見地からの成果を初めて残したのは、信州における博物学の祖とされる矢沢米三郎である。一九二九年に著した『雷鳥』で、ライチョウの分布する山岳、この鳥の習性や生態、形態、羽の色の季節変化などを詳細に解説している。とりわけ、各月ごとに羽毛の色を描き、姿の季節変化を示した図は、それまで江戸時代に描かれた多くの絵とは異なり、実物を手にして描かれた正確なものであった。また、ライチョウの雄は、雛が孵化すると家族と離れて生活するという、この鳥の繁殖生態の重要な点にも、すでに気づいている。これにより、高山にすむ霊鳥とされていた日本のライチョウの実態が、初めて明らかにされたのである。

その後の研究で特筆すべきものは、私の恩師である羽田健三先生を中心に、大町山岳博物館と信州大学が共同で行った北アルプス爺ヶ岳での連続調査だろう。これは長野県から資金援助を受け、一九六一年五月から一〇月までの半年間、ほぼ毎日夜明けから日没まで、ライチョウの行動を至近距離から観察し、記録するという本格的な調査であった。二年後の一九六三年には、三月から四月にかけ、計四〇日間の連続調査を実施。これらの調査により、冬期以外のライチョウの基本的な生活や生態が克明に解明された。

もうひとつ、羽田先生が中心になって行った重要な研究が、どこの山に何羽のライチョウが生息しているかを明らかにした繁殖個体数調査である。この調査は抱卵期にあたる六月の時期に、現地でのこの鳥の行動観察と、見張り場、砂浴び痕、糞などの生活痕跡から、ひとつひとつのライチョウのなわばり分布を推定していくもので、ライチョウの生息するすべての山岳で行われた。この調査は、じつに二〇年の時を経て、一九八四年に全山の調査を終了。当時日本で繁殖するライチョウの数は、約三〇〇〇羽と推定されたのである。

羽田先生への思いとライチョウ研究の再開

羽田健三先生は、信州大学を退官されるまで三〇年近くにわたり、ライチョウの研究をされた。私も学生のころ、ライチョウ調査に何度か同行し、手伝いをしたことがある。一九八〇年八月、大学院を終えて助手として羽田研究室にもどってきたとき、羽田先生は私を研究室に呼び、これからのライチョウ調査の壮大な夢を語った。

部屋の机一杯に何枚もの地図を広げ、これまでに実施したなわばり分布調査の結果を、

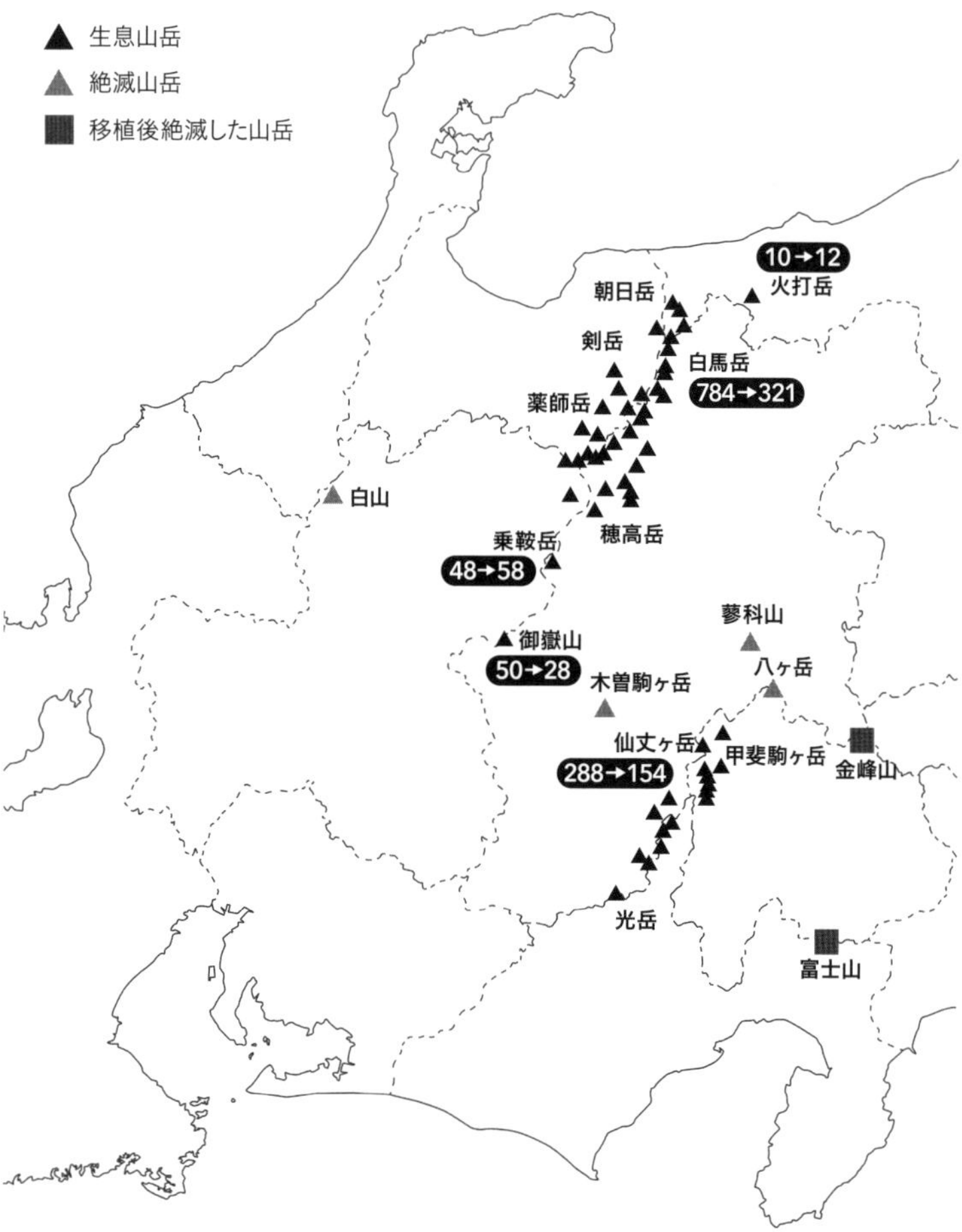

ライチョウが分布するおもな山岳と、推定された繁殖つがい数。
左の数字は、20年以上かけて1984年に調査を終えた、それぞれの山岳での推定繁殖つがい数。
右の数字が、最近の調査で明らかにされた推定繁殖つがい数。多くの山岳で、数が減少している。

まず説明してくれた。それぞれの地図には、推定されたひとつひとつのなわばりの位置が丸で多数描かれていた。すでに北アルプスのほぼ半分の山の調査を終えたが、残り半分はまだ未調査である。残りの半分と南アルプスはまだほとんど手をつけていないが、調査を退官までに終えたいので、協力してほしいといわれた。

それ以来、六月から七月を中心に、毎年何度も調査で山に登ることになった。そして、退官を翌年に控えた一九八五年までに、すべての山の調査を終えた。同年、信州大学で開催された日本鳥学会大会のシンポジウムで、羽田先生が三〇年間にわたるライチョウ調査を総括して講演し、日本に生息する数は、約三〇〇〇羽という結果を発表した。

羽田先生との約束を果たし、私には、大きな仕事をやりとげたという充実感があった。しかし、その時点では、今後もライチョウの調査を続けようという気持ちは、まったくなかった。ライチョウの研究は羽田先生の研究テーマであり、私はそれを手伝っているという意識をつねに持っていたからである。私には、研究してみたい別のテーマがあった。それは、信州大学に赴任してすぐに開始したカッコウの托卵研究である。問題は、ライチョウとカッコウの調査時期が重なるため、カッコウの研究に集中できないことだった。

ライチョウ調査をやりとげたころ、カッコウの研究がようやく軌道に乗り、ますます面白くなっていた時期でもあった。これからは、ライチョウ調査に煩わされず、カッコウの研究に専念できることがうれしかった。羽田先生が退官された後、私は水を得た魚のように、カッコウの研究に熱中し、ライチョウ調査からすっかり遠ざかっていった。

ライチョウの研究で大きな仕事を成しとげた先生は、退官して研究室を私に引き継ぐにあたり、ライチョウの研究を私に託すとは、一言もいわなかった。ライチョウの調査を終え、その後自分のカッコウの研究に没頭している私をみて、いっても無理だと最初から諦めていたのだろう。

そんな私が、ライチョウにふたたび関心を持つ転機が訪れた。外国を訪れ、ライチョウをみたさいに、人を恐れないのは日本のライチョウだけであることに気づき、その理由には日本文化が深くかかわっているという重要な点に気づいたからである。私自身、一五年にわたるカッコウの托卵研究でサイエンス誌とネイチャー誌に論文を発表し、世界のトップレベルの研究を極めた時期でもあった。その気持ちの余裕と羽田先生への負い目が、私をライチョウ研究にふたたび向かわせることになった。私はそのとき、すでに五〇歳を過ぎていた。

新たな研究のステージ

ライチョウ調査の再開に当たり、私はある大きな決心をしていた。それは、羽田先生が絶対に認めなかった調査を行うこと。つまり、ライチョウを捕獲し、標識を付けて調査を実施することである。羽田先生は、特別天然記念物のライチョウをけっして捕獲しようとはしなかった。ライチョウに一切触れることなく、ひたすら近くから観察し続けることで、この鳥の生態を調査した。羽田先生にとって、ライチョウはまさしく「神の鳥」であり、捕獲はおろか、卵に触れることさえ厳しく禁止していたのだ。

しかし、そうした方法では、解明できることに限界がある。さらに研究を進めるためには、これまでに解明されていなかった寿命の問題や、年間の生存率・死亡率、死亡率の季節変化、死亡原因、さらにはつがい関係やなわばりの所有が年を越えても維持されるか、などを明らかにする必要がある。また、体重の季節変化や、山岳集団ごとの生存率や寿命などの比較、遺伝子解析の調査も必要だ。これらのことは、ライチョウを捕獲し、個体識別しなければ、けっして解明できない問題である。

捕獲し、個体識別ができるようにして研究するのが、これまでカワラヒワをはじめ、カッコウなど多くの鳥で行ってきた、私の研究スタイルでもある。ライチョウを「神の鳥」として特別視するのではなく、絶滅の危機に瀕する希少野生動物という観点から、この鳥の生態についてより詳しく解明したい。私は、ある特定の山を調査地とし、その山に生息する全個体を捕獲し、標識することで、一羽ごとの戸籍づくりをしながら、少なくとも一〇年は研究を続けるという壮大な研究計画を立てた。

これから明らかにしたいこと

では、この個体識別による新たな研究をどこの山で実施するのか。半年かけて検討した結果、乗鞍岳で実施するのが最もよいという結論にいたった。その理由はまず、乗鞍岳にはライチョウが生息する高山帯まで車で行けること。つぎに、乗鞍岳は北アルプスの南に位置する独立峰で、ほかの地域からのライチョウの移入や移出がないと考えられ、調査がしやすいこと。さらに、生息数が一二〇羽ほどと推定されていて、調査を行うのに適当な集団サイズであること、である。

乗鞍岳のライチョウをすべて捕獲し、足環を付けて個体識別ができるようになれば、新たにどんなことがわかるだろうか。たとえば、同じ場所でふたたび調査をする場合、そこにいた個体が前に観察した個体と同じかどうかは、足環をみればすぐにわかる。また、足環を付けた個体を長期間にわたって観察すれば、その個体が動き回っている範囲や、定住している場所がわかる。つがいの場合は、翌年も同じ雌雄がつがいとなっているか、あるいは別の個体と入れ替わっているかがわかる。さらには、個体ごとの性格のちがいや、個性などもみえてくるだろう。これらを明らかにすることで、それまでの観察ではわからなかったライチョウの社会や生活の実態が、よりはっきりみえてくるはずである。

　捕獲が効率的にできるようになれば、ほかの山岳でも同じ調査ができるので、集団同士の比較も可能になる。また、捕獲時に体重や翼の長さなどの体の大きさを測定すれば、体重の季節変化や山岳集団による体の大きさの比較もできる。さらに、捕獲時に血液を採集すれば、遺伝子解析も可能となり、日本のライチョウが氷河期以降、山岳集団によってどの程度分化しているかなど、専門的な知識も得ることができるだろう。これらの問題の解明は、絶滅が危ぶまれている日本のライチョウの保護に、将来かならず役立つにちがいない。

　二〇〇一年四月、私の研究室に北原克宣君が修士課程の院生として入学。乗鞍岳でライチョウの個体群の研究を、私といっしょに行うことになった。雪解けが進み、道路の除雪が終わって車で入山できるようになる五月下旬を待って、北原君と乗鞍岳のライチョウ調査を開始した。

3章 本格的な調査、はじまる

地道な基礎調査

乗鞍岳で調査を開始したといっても、すぐにライチョウを捕獲できたわけではなかった。特別天然記念物のライチョウを捕獲し、標識するとなると、環境省、文化庁、林野庁のほか、捕獲を実施する県や市町村など、すべての関係機関からの許可が必要なのである。延々三か月間にわたる煩雑な申請手続きを経て、八月末にようやく捕獲許可を得ることができた。こうして二〇〇一年の九月から、一章で紹介したライチョウの捕獲となったわけである。

捕獲をはじめて五年目の二〇〇五年、乗鞍岳に生息するほぼすべてライチョウに足環を付け終えることができた。そして二〇〇六年から、いよいよ乗鞍岳での本格的な調査

長野県側の山麓にある乗鞍高原からみた残雪の乗鞍岳。
馬に鞍を置いた形に似ることから、乗鞍岳と名がついた。
ここで、2001年から12年間にわたり、足環によって標識した調査が行われている。

がはじまった。以後、私が大学を退職するまでの七年間にわたり、年間四〇日から七〇日間の調査が実施されたのである。

調査の基本は、乗鞍岳の全山を定期的に歩き回り、ライチョウを発見して回ることである。そのため、登山道以外の場所も含めて斜面を登り下りしながら、この鳥のすむ全域を調査しなければならない。ライチョウは岩場を好むので、急傾斜地の岩の多い場所も調査対象となる。ときには近道をするため、人間の背丈を超えるハイマツの中を泳ぐようにして横切り、また残雪の時期には、急傾斜の雪面を横切ることもある。ライチョウ調査には、滑落、落石など、つねに危険が伴っているのだ。

ライチョウを発見した場合、まずやることは、性別の確認と、単独か群れかの確認である。つぎに足環の有無。足環が付いていた場合は、足環の色の組み合わせを確認する。この組み合わせで、いつどこで標識した個体かがわかる。その後は、必要に応じて行動を観察することになる。つがいになっているかどうかや、ついばんでいる餌内容の確認などだ。それらの作業が終わった後、未標識の個体がいた場合には捕獲する。これらがすべて終わると、さらにほかの個体を探して歩き回る。それをひたすら繰り返す地道な調査である。

標識調査では、捕獲した時点で雌雄の区別と年齢判定をしておくことが重要になってくる。性別は、外見上のちがいで判断する。たとえば繁殖時期であれば、雄の体色が黒っぽいのに対し、雌は茶褐色であること、また雄は目の上の真っ赤な肉冠を持っていることなどで区別できる。雌雄が全身ほぼ真っ白な羽になる冬の時期には、雄は嘴と目の間の羽毛が黒く、嘴から目にかけて黒い帯にみえるのに対し、雌は嘴と目の間の羽毛が白いことから容易に区別できる。ただし、後に詳しく述べるように、九月末から一〇月にかけての時期だけは、雌雄の判定がやや難しくなるが、この時期の雌は脇腹に茶色っぽい羽を持つことから区別できる。

孵化したばかりの雛は、外見では雌雄の区別ができない。また、九月になり親とほぼ同じ大きさになってからも、正確に判断するのは困難だ。外見上で判定できるようになるのは、冬羽への換羽が進み、前述のような嘴と目の特徴が現れる一〇月末以降である。

年齢の判定は、さらに難しい。雛が親とほぼ同じ大きさになる九月中ごろまでは、雛独特の羽の色や体の大きさで区別できるが、それ以後は外見からは難しくなる。ただし、その年生まれの若鳥は冬くらいまで、ときどき雛特有の〝ピヨ、ピヨ〟という声で鳴くことがあるので、それで区別できることもある。また、若鳥が親から独立した後でも、翌年の秋までに捕獲すれば、年齢判定は可能だ。生まれた雛は、その年の秋の換羽で、初列風切羽《しょれつかざきりばね》（翼の最も外側の大きな羽）の先端の二枚の羽だけが換羽せず、翌年の換羽時期まで残るからである。この二枚の羽は、羽軸のまわりに黒いしみがある。そのため、これを持っていれば一歳の若鳥と判定できるのだ。

しかし、二歳以上の個体になると、年齢を判別できる特徴がない。これはほかの多くの鳥でも同様である。したがって二歳以上の個体の年齢を知るには、一歳になるまでの時期に捕獲し、標識を付けて調査する以外によい方法がない。標識という作業が、鳥の年齢判定や寿命を知る調査に欠かせないのは、こうした理由によるのである。

高山という過酷な環境

よく晴れた日、乗鞍岳からの眺めは圧巻である。北には岩肌をむき出してそそり立つ穂高岳と、それに続く北アルプスの山々を望み、その右奥には頸城山塊の山々が連なる。頸城山塊の最も北に位置する火打山は、日本のライチョウが生息する最も北の山である。南に目を転じると、すぐ目の前になだらかな裾野をもった御嶽山、その先の南東方向には、南アルプスの山々。いずれの山にもライチョウが生息している。

さらに乗鞍岳からは、かつてライチョウが生息していた山もみることができる。真西のはるか遠くに霞んでみえる白山には、いまから七〇年ほど前までライチョウが生息していたし、南アルプスの手前に連なってみえる中央アルプスの山々にも、約四〇年前までライチョウが生息していた。そして真東には、白い噴煙を出す浅間山に並んで八ヶ岳、その北に蓼科山をみることができる。これらの山にも、江戸時代までライチョウが生息していたという記録が残っている。つまり、乗鞍岳の山頂から見渡せる範囲に、日本のライチョウが生息するすべての山岳が含まれているのである。乗鞍岳は、日本のライチョウの分布のまさに真ん中に位置する山なのだ。晴れた日に乗鞍岳から四方を見渡してみると、あらためてそれを実感することができる。

しかし、そのような好天に恵まれることは、あまり多くない。ひどいときには調査に出かけた数日間、まわりの山の景色がまったくみえないこともある。五月に入ってもまだ雪が降ることがあり、九月末から一〇月には初雪にあうこともある。雨や雪と強風に見舞われたときはとくに悲惨で、顔にあたる雨や雪が痛く、強風で立っていられないこともしばしばだ。平地では考えられない高山の厳しさが、ここにはある。

また、高山では天候の変化が激しい。朝晴れていても、昼ごろには雷が発生し、雨や吹雪に見舞われることがある。そんな悪天候のときには、自分たちの車かバスターミナルのある畳平のレストランに逃げ帰り、天候の回復を待つことになる。こうして、天候にはたえず注意しなければならない。

だが皮肉なことに、そういう天候の悪いときにこそ、ライチョウは姿をみせてくれるのである。天気がよいと、高山帯に上がってくる天敵の猛禽類を恐れ、ライチョウはハイマツの中から出てこない。そんなときは、ライチョウを探し回るのをあきらめ、わざわざ昼寝をして天気が悪くなるのを待ったことが何度もある。しかし、逆に天気が悪すぎると、ライチョウは平気で行動できても、われわれの方が調査を続けられなくなってしまうから悩ましい。

夏の高山で最も怖いのは、雷である。隠れる場所のない高山では、雷が鳴りはじめたら、すぐに調査をやめて逃げ帰ることにしていた。私が雷の怖さを知ったのは、三〇代のころ夏の穂高岳にライチョウ調査で訪れ、山頂で雷の静電気で髪の毛が立つのを経験したときだった。同行者で、私より山の経験のある小岩井彰さんが悲鳴を上げて逃げるのをみてびっくりし、雷の怖さを認識した。幸い事なきを得たが、以後は雷が鳴り出したら、すぐに調査を中止することになった。

そして雷とともに恐ろしいのが、調査中に霧にまかれ、視界を失うことである。視界を失うと、自分がどこにいるかまったくわからなくなる。方向感覚や距離感覚だけでなく、上下の感覚さえも狂ってしまう。いわゆる「ホワイトアウト」と呼ばれる現象だ。一〇年以上にわたるライチョウ調査で、私はこれを三回体験した。一度目は、地形を知り尽くしている肩ノ小屋周辺で、残雪がまだ一面に残る五月のことだった。視界を失った中でライチョウをみつけたが、その場所がどこかわからず、地図上に記録できなかった。三〇分ほどさまよった末、霧が晴れて視界をとりもどしたが、雪の上に残された足跡から、同行した田畑孝宏さんと二人でさまよい歩いた跡を知ることができた。その足跡は、小屋から二〇メートルの距離にまで近づいていたが、小屋にはまったく気づかな

真冬の高山での過酷な調査。風が吹き荒れ、雪面を雪が這うように走る地吹雪の日が続く。
晴れた日中でもマイナス10℃の日がある。肩ノ小屋と東京大学宇宙線観測所の建物は
雪に埋もれている。

かったことに驚かされた。

ほかの二回は、いずれも高天ヶ原での経験である。この山は、地下から上がってきたマグマが途中で冷えて固まり、山頂部が平らで丸い形をしている。最初はひとりで調査しているときで、一時間ほどさまよった後、霧の合間から剣ヶ峰の山頂がちらっとみえて位置がわかり、その後霧が晴れたので事なきを得た。二回目は、一〇年以上経験を積んだ二〇一〇年のことである。同行した大学四年生の上田龍成君と二人、夕方にこの山頂部で霧にまかれ、視界を失った。三〇分ほど行きつもどりつしてさまよった末、見慣れた岩場を見つけて位置がわかり、暗くなる直前に車にたどり着くことができた。朝からいっしょに歩き回り、霧でもどる方向がわからなくなった私をみた彼は、極度の不安に襲われ、帰り道ではひとりで歩けないほど体力を消耗してしまった。人は視覚の動物である。視界を奪われることで正常な感覚が働かなくなり、極度の不安状態に陥ることを、これらの経験で思い知らされた。

このように、つねに危険が伴う高山帯での厳しい調査を一二年間にわたり続けたが、幸いなことに事故は一度もなかった。そしてこの間、調査で明らかにすることができた成果は、計り知れないものがある。さっそく次章から、この過酷な調査で明らかになった内容について紹介していくことにしたい。

第2部

高山環境への見事な適応と進化

4章 いつ、何を食べているのか

体重の季節変化

一〇年以上にわたる捕獲と標識による調査により、それまでの観察のみによる調査にくらべ、研究は飛躍的に進んだ。その結果みえてきたのは、氷河期に大陸から移住してきた日本のライチョウが、日本の高山環境にあらゆる面で、じつに見事に適応してきた進化の歴史であった。今回、新たに解明されたこれらの研究成果について、ライチョウの生態、社会、進化という観点から、順を追って紹介していくことにしよう。

まずは、生態の基本である「衣食住」のうちの「食」、つまり餌についてである。どの時期に何を食べるか、といった話に入る前に、体重の季節変化からみていくことにしたい。なぜなら体重は、動物の生活のコンディションの指標となるもので、その季節変化は、高山という厳しい環境での彼らの生活の実態を端的に示しているからである。
そのため、捕獲のさいには体重測定をかならず行うことにした。幅三〇センチメートル、長さ五〇センチメートルほどの洗濯用の袋にライチョウを入れ、それをバネばかりで吊って重さを測定し、後で袋の重さを引く。この作業を毎回行った。ただし、飼育しているわけではないので、同じ個体を何回も測定できるわけではない。したがって、季節ごとにできるだけ多くの個体を測定し、集団としての平均値を出すことで、季節変化をみることになる。

結果は、当初の私の予想を大きくくつがえすものだった。調査前には、冬の時期は餌が最も得にくいので、秋にたくさん食べて体重を増やし、脂肪という形で体内に蓄えて冬を越すものと考えていた。そう予想したのは、ノルウェーの北にあるスバールバル諸島で繁殖する世界最北のライチョウが、秋の終わりには夏の二倍近くの体重になる、と文献で読んでいたからである。実際、日本のライチョウの真っ白な冬の姿を写真でみると、丸々と太ってみえる。ところが、乗鞍岳のライチョウは、秋にすこしだけ体重が増える傾向にあったものの、とくに目立った体重増加もないまま、冬を迎えたのである。しかも驚いたことに、真冬の一月から三月にかけては、秋の終わりよりもわずかではあるが、増加傾向にさえあった。冬に太ってみえたのは、羽毛を膨らませて空気をたくわえ、寒さを防いでいたからである。

年間で最も体重が重い時期は、意外にも春先だった。雄の場合は、四月に平均五〇〇グラムと最も重かった。それ以後は徐々に減少し、餌が最も得やすいと考えられる夏の八月には、四五八グラムと最も軽くなったのである。

一方、雌の場合には、産卵時期にあたる五月下旬が五五〇グラムと最も重く、産卵後に急減し、抱卵期、さらに育雛期と減少する。そして雄と同様、夏の時期に最も軽くなり、四四六グラムという結果だった。

この結果から、一体何を読み取ることができるだろうか。

世界で最も北で繁殖するスバールバル諸島のライチョウと、逆に最も南で繁殖する日本のライチョウ。この両者では、生息している環境が大きく異なる。北緯七八度付近に位置するスバールバル諸島では、冬の数か月間は太陽が地平線から上ることがない。ほぼ一日中、夜の世界である。また、ほとんどの場所は雪でおおわれてしまうため、餌は数か月間、ほとんど得られなくなる。そのため、スバールバル諸島のライチョウは、秋の時期に餌をたくさん食べて体重を増やし、体内に脂肪という形でエネルギーを蓄えて、厳しい冬をほとんど何も食べずに生きぬくのである。

一方、世界最南端となる北緯三六度付近の日本の繁殖地では、冬は昼間の長さが短くなるとはいえ、ライチョウが活動できる日中の時間は充分にある。また、後に詳しく述べるように、日本のライチョウは冬に積雪のため高山帯で餌を取れなくなると、その下の亜高山帯まで降りて冬を過ごしていることがわかった。森林限界まで降りれば、冬でも充分に餌を得ることが可能だ。したがって、氷河期に北から分布を広げた日本のライチョウは、もはや冬に備えて体重を極端に増やす必要がなくなり、秋の体重増加はごくわずかに留まることになったと考えられる。

では、なぜ日本のライチョウは、四月に雄の体重が最も重いのだろうか。これには、繁殖活動が関係していると考えられる。真冬の時期を森林限界以下の亜高山帯まで降りて生活していた雄は、雪解けがはじまる三月から四月に、繁殖地である高山帯にもどってくる。この時期は、雄が繁殖のためになわばり活動を開始する時期にあたり、四月には雄同士のなわばり争いが本格化する。まだ一面に残雪が残る高山帯で、雄同士が目の上にある真っ赤な肉冠を広げ、三つ巴になってにらみ合い、体をぶつけ合って猛烈に争うのだ。争って飛び回る様子も頻繁にみられ、夏の時期にはほとんど飛ぶことのないおっとりしたライチョウからは、とても想像できない姿である。そして四月には、雌も高山帯にもどってくる。だから雄にとって、この時期はなわばりを確立し、雌を得るためのきわめて重要な時期である。それに備え、雄は体重を増やして、体力をつけておくのだろう。

その体重増加を可能にしているのが、雪解けとともに顔を出す豊富な餌である。高山帯の尾根筋には、風が強く当たる「風衝地」がある。ここでは、雪が風で吹き飛ばされ、わずかしか積もらない。三月に入って日差しが強まるとともに、そのような場所から雪解けがはじまる。雪や氷の解けた場所からは、ガンコウラン、コケモモ、ミネズオウなど、寒さのため背丈が一〇センチメートルもなく、地面を這うようにおおう常緑矮性低木が顔を出し、高山帯でも一気に採食できるようになる。雪の下からは、前年の秋に実をつけたまま冷凍保存されていたガンコウランやコケモモの実が出てきて、栄養価の高い餌が食べられるようになる。冬の時期、森林限界付近で、雪の上に顔を出すダケカンバの冬芽ばかり食べていたライチョウにとって、これらの餌は、待ちに待ったごちそうにちがいない。

雄よりすこし遅れて、春先に高山帯にもどった雌にとっても、この時期は卵を産むための栄養をつける大切な時期だ。高山帯にもどって以後、雌の体重も増加するが、体重が最も重くなるのは、雄より一か月以上遅れた五月下旬の産卵時期である。自分の体重の約三〇％にあたる卵を産むのに必要な栄養を確保せねばならず、それには常緑矮性低木の餌が役立っていたのである。

これらのことから、スバールバル諸島にすむライチョウの体重の季節変化が、ツンドラと呼ばれる標高の低い高緯度地域の過酷な環境に適応したものであるのに対し、日本のライチョウの体重の季節変化は、世界最南端の高山という環境と、そこでの繁殖や越冬に適応したものであることが明確になった。

餌内容の季節変化

体重の季節変化は予想外の結果だったが、それと餌内容とは、どのように関係しているのだろうか。ライチョウが食べている餌内容について、季節ごとに詳しくみてみよう。

春先から秋の終わりの餌については、北アルプス爺ヶ岳での調査や、富山ライチョウ研究会による立山室堂での調査がすでにある。しかし、いずれも餌の種類を記載したもので、量的な調査は行われていない。また、冬期間を含め、年間を通しての餌の調査も、まだ行われていなかった。

そのため、年間を通した餌の量的調査を行ってみたいと以前から考えていたのだが、ついにそのチャンスが訪れた。二〇〇八年の秋、東邦大学理学部三年生の小林篤君がライチョウの研究をしたいということで、いっしょに乗鞍岳を訪れた。東京生まれ、東京育ちの彼が、乗鞍岳でライチョウの調査ができるか大いに不安だったが、相談した結果、私とともにライチョウの餌内容の季節変化をテーマに、研究をはじめることになった。

ライチョウの足環を定期的に確認する調査のさいに、発見した個体をしばらく観察して、何を何回ついばんだかを観察することにした。ライチョウは数メートルの距離から観察できるので、双眼鏡を使わなくても、肉眼でも何をついばんだかを確認できる。ついばんだ植物の種類が不明の場合は、その場で写真を撮り、後から図鑑などで確認することにした。

このころ、私はライチョウ調査の最後の難問である冬期間の生態を調査していた。学生である小林君は冬の調査は無理なので、冬期は私の方で調査し、以後は二人の都合がついたときには二人で調査することで、年間を通した調査を行うことができた。

二〇〇八年の一二月から二〇一〇年の三月にかけての調査で、二人が観察したライチョウのついばみ回数は、計四万六五二三回にのぼった。これを雄、雌、雛に分けると、それぞれ二万二二七七回、一万五二九五回、八九五一回となる。雛は、孵化した七月から一〇月初めまでの時期とし、親から独立するこの時期以後は、雌雄の区別ができるので、雄と雌に分けて分析を行った。ただし、年間通して餌内容を調査できたのは雄のみで、雌は冬の一二月から三月の時期、ほとんどデータを得られなかった。その理由は、このころはまだ雌の越冬地が不明で、いくら探し回っても雌をみつけられなかったためである。

ライチョウがついばんだ餌を植物、動物、無機物に分けてみると、総ついばみ回数の九二・九%は植物質、四・七%が動物質、残り二・四%が小石や雪などの無機物だった。この結果から、ライチョウは従来いわれていたように植物食の鳥であることがわかったが、動物質も少ないながら食べている点は意外だった。それまでの調査では、動物質の

上.雪の下から顔を出したガンコウラン、コケモモなどの、背丈が10cmもない矮性低木。
前年の秋の実がそのまま冷凍保存されている。実だけでなく、葉や花もライチョウの餌となる。
下.雛が孵化する7月ごろに花をつけるアオノツガザクラ、チングルマ、コイワカガミ。
これらの花や葉は、この時期の雛と親鳥の主な餌となる。

餌を食べたという報告はほとんどなかったからである。

つぎに、ライチョウがついばんだ植物の種類を、まず木本と草本に大きく分けた。そして木本をダケカンバ、オオシラビソなど背の高い樹木と、寒さのため背丈が一〇センチメートルにも満たない矮性低木に分け、さらにそれらの木本を常緑と落葉に分けてみた。すると、雄がついばんだ植物では、ガンコウラン、コケモモ、ミネズオウなどの矮性常緑低木が六六・三%と最も多く、クロマメノキなどの矮性落葉低木が一・七%で、矮性低木が全体の六八・〇%を占めていた。つぎは草本植物の一〇・七%、以下は落葉高木、常緑高木の順だった。

雌もほぼ同じ傾向で、矮性低木が六八・八%だったが、草本植物が一四・〇%とやや多く、落葉高木が少なかった。この結果から、ライチョウの主な餌は、高山帯の風衝地に生える矮性低木であることがはっきりと示された。これに対し、雛が夏の時期についばんだ植物は、四八・四%が矮性常緑低木、三六・三%が草本植物で、親にくらべ草本植物が多かった。また、孵化後の雛は、花に集まる昆虫もかなり食べていることがわかった。

雄がついばんだ餌を季節的にみると、亜高山帯に降りて生活する一二月から三月の時期(これについては後に詳しく述べる)には、雪の上に出たダケカンバの冬芽が七八%から九六%を占めていた。つまり冬の時期のライチョウは、ほとんどダケカンバの冬芽ばかりを食べているのである。そして高山帯にもどってくる四月には、餌内容が大きく変化する。ダケカンバの冬芽は一一％に急減し、雪解けとともに高山帯の雪の下から顔を出したコケモモやガンコウランなどの矮性常緑低木が、八四％と多数を占める。以後、高山帯で生活する一〇月までは、矮性常緑低木の葉、花、実が主食で、つねに餌の半分以上を占めるが、七月から九月には草本植物の芽、葉、花、秋には実や種子も多く食べている。

雪が解ける夏の時期は、春から夏に芽を出した植物も加わり、ライチョウにとっては一年で最も餌の豊富な時期である。その時期に体重が最も少なく、逆に餌の最も得にくい冬の時期に体重がより重いというのは、意外な結果だった。これは、ライチョウの体重が餌の得やすさとは関係なく、繁殖など季節ごとの生活実態に左右されていることを示している。

ライチョウは昆虫も食べていた！

かつて信州大学と大町山岳博物館が爺ヶ岳で行ったライチョウの行動観察で、ライチョウがついばんだ七七種類の植物が明らかにされている。だが、動物質の餌としては、ミミズが記録されているのみだった。今回の調査で最も注目される点は、五月から六月上旬にかけて雄も雌も、残雪上でかなりの量の昆虫を食べていたことである。

それらは、山のふもとから風で吹き上げられ、残雪上で低温のため動けなくなったアブラムシなどの小型の昆虫だ。五月に入ると、ふもとで発生した小型の昆虫が、上昇気流に吹き上げられ、高山まで運ばれてくるのである。私は一度だけ、そうして高山に運ばれてくる昆虫の大群に遭遇したことがある。二〇〇九年六月一九日、乗鞍岳の標高二三五〇メートルにある位ヶ原山荘に立ち寄ったときのこと。まわりのオオシラビソの林でアブラムシの類が大発生し、林全体が霧で霞むように無数の虫が舞い上がり、風に漂っているのを見て大変驚いた。

こうした昆虫たちが、乗鞍岳や白山ではイワヒバリの餌となっていることがすでに知られている。同様のことは、ピレネーなど外国の高山でもみられ、それらの昆虫が高山にすむ鳥の餌になっているのである。

ライチョウが残雪上にたまったこれらの昆虫を集中的に食べるのは、五月下旬から六月上旬の時期に集中していた。この時期は雌の産卵期と一致し、雌の体重が年間で最も重くなる時期だ。ライチョウはすでに白黒茶まだらの繁殖羽になっていて、白い残雪上に出ると、遠くからでもよく目立つ。それでもあえて残雪上で虫を食べるのは、雌が卵をつくるためのタンパク源として、虫が必要だからだろう。面白いことに、雌が抱卵に入る六月中旬以降には、残雪上に昆虫がいても、まるで見向きもしなくなるのである。

では、雄も虫を食べるのはなぜなのだろうか。昆虫採食は多くの場合、つがいの雌雄

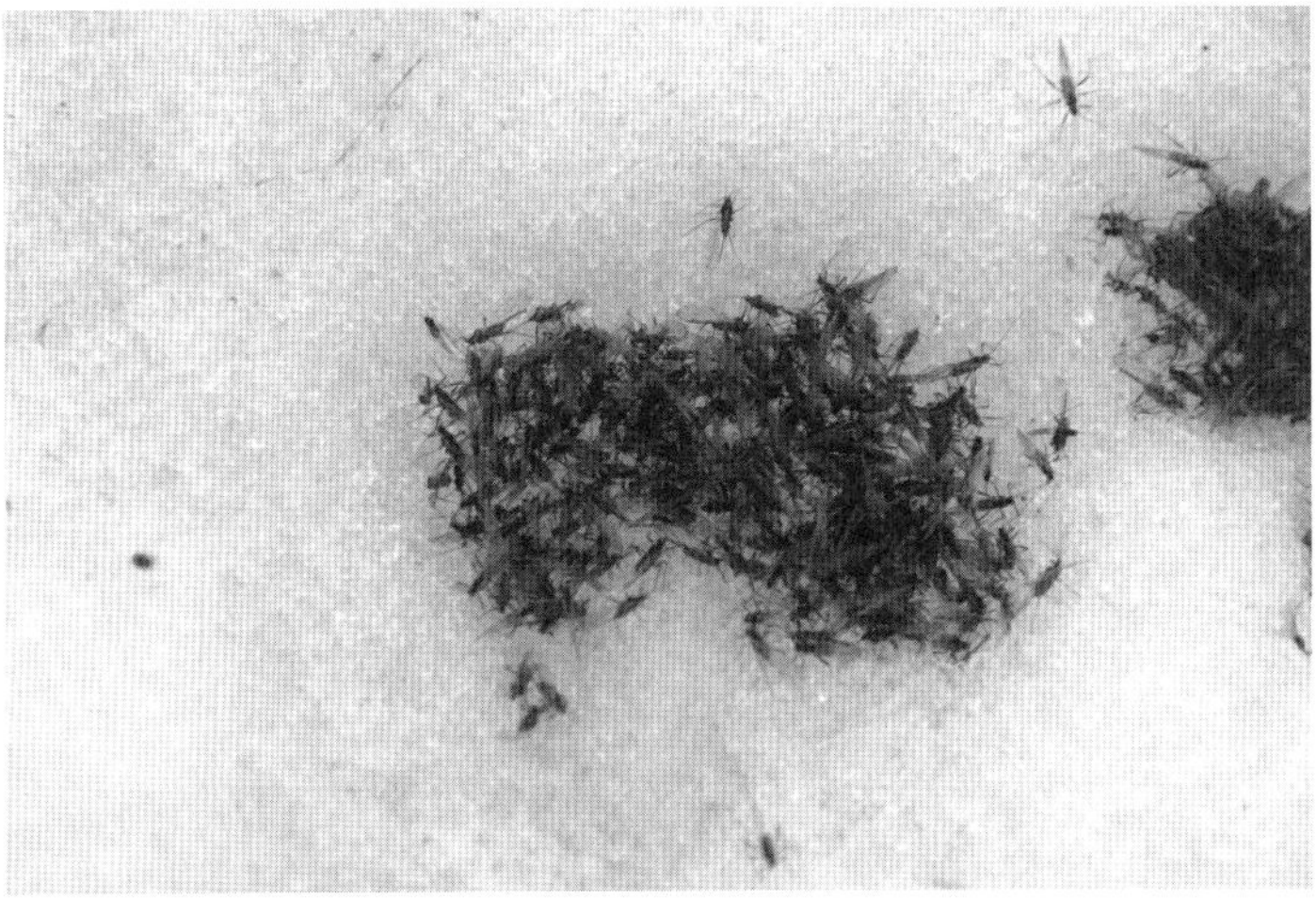

上.5月から7月の残雪期には、風で下から吹き上げられ、雪の上で動けなくなっている昆虫が多数みられる。これらの昆虫もライチョウの餌となっていた。
下.残雪上の昆虫を食べに出たつがいの雌雄。
これらの昆虫は、産卵期にあたる5月末から6月初めの時期に多く食べられていた。

がいっしょに行う。交尾が行われる産卵の時期には、雄は雌に付き添っている時間が多いので、雌が昆虫を食べに出ると、雄は雌の護衛のためにいっしょに出て、昆虫を食べる。雄の体重が減少するこの時期の昆虫採食は、雄にとっても栄養補給として役立っているにちがいない。

しかし、雌が抱卵に入る六月中旬以降、昆虫をまったく食べなくなるのはなぜだろうか。抱卵中の雌は、一日にわずかしか採食時間がとれない。そのため、残雪上の小さな昆虫では採食効率が悪く、短時間に充分な量を食べることができない。そこで、コケモモなどの矮性常緑低木の葉や、この時期に芽吹いたクロマメノキなどの矮性落葉低木や草本植物の若芽、葉、花などに切り替えているようだ。

ただし、乗鞍岳でも残雪上の昆虫の量は年によってかなりちがい、ライチョウが食べる量にもちがいがあることがわかった。風で吹き上げられる昆虫の量は、地形や気象条件に大きく左右されるためと考えられる。産卵時期に食べる昆虫の量が、産む卵の数や繁殖成功率にどのような影響を与えているのかについては、今後の興味ある課題である。

5章 ライチョウは一年に三回換羽する!

ライチョウの知られざる換羽

ライチョウの調査をしていて、以前から気になっていた不思議な現象がある。先にふれたように、繁殖期の雄は体の上面が黒っぽいのに対し、雌は茶褐色なので一目で区別ができるが、九月から一〇月になると雌雄の羽の色がしだいに似てきて、どちらか判定が難しくなるのである。なぜ秋には、雌雄ともにくすんだ灰色に変化するのだろうか。この章では、ライチョウの「衣」の部分である羽の「換羽」の驚くべき実態について、紹介することにする。

捕獲をはじめてから数年間は、その不思議な現象に気づきつつも、理由についてはわからずにいた。初期の調査では、雌が雛を連れている七月から八月の時期には足環の確認のみで、捕獲を行っていなかったためである。二〇〇六年からは体重の季節変化を調査するため、夏の時期にも捕獲することになった。そしてその年の七月に捕獲した個体を調査中、思いがけないことに気がついた。頭、首、背、腰にかけて、繁殖羽の下から、なんと新しい羽がいっせいに生えはじめていたのである。その新しい羽は、冬に向けての白い羽ではなく、黒っぽい羽だった。

それまで、ライチョウは年に二回換羽するものと考えていた。春先にみられる冬の白い羽から繁殖羽への換羽と、秋にみられる白い冬羽への換羽である。この二回の換羽については、春と秋の捕獲ですでに確認していたし、繁殖羽への換羽が六月にはほぼ終わることも、すでに確認していた。ところが、夏の時期にも新たに換羽しているとなると、ライチョウは年三回換羽することになる。もしかすると、九月から一〇月に雌雄の判定が難しくなる理由は、この時期の換羽のためではないのか。

多くの鳥は、夏から秋に年一回換羽する。私は、大学院生のときに多数のカワラヒワを捕獲し、この鳥の換羽について京都で詳しく調査したことがある。その結果、年に一回、繁殖が終わった夏から秋にかけて全身の羽が生え換わることを明らかにした。鳥の中には、春と秋に二回換羽し、冬羽と夏羽に姿を変える鳥も少数知られている。だが、年に三回も換羽する鳥などいるのだろうか。

以後、捕獲したライチョウの全身の羽について、換羽の状態を調査することにした。

鳥は、全身に羽毛が生えているわけではない。生えているのは、羽域と呼ばれる体表の一部で、そこから生えた羽毛が全身をおおっている。羽域は、場所ごとに、頭、胸、背などの名前がついている。全羽域のそれぞれの換羽状況について、五段階に区分して調査を行った。

年三回の換羽は保護色のため

調査の結果、飛ぶことに使われる翼の風切羽、小翼羽、尾羽といった飛翔羽は、ほかの鳥と同様に夏から秋にかけて、年一回の換羽だった。それに対し、年に三回換羽していたのは、頭、首、背、腰、上尾筒といった体の上面をおおう羽毛や、胸、脇腹などの体の側面をおおう羽毛、さらに、翼の表面をおおう雨覆の一部の羽毛だった。面白いことに、体の表面をおおう羽毛であっても、腹と脚といった体の下面をおおう羽毛の換羽は、飛翔羽と同様年一回だった。

つまり、年三回換羽していたのは、体の上面や側面をおおう羽毛、すなわち外側からみられる部分だったのである。これは、ライチョウが年間を通して捕食者から目立たないようにするために、年に三回も換羽していたことを意味している。三回換羽した羽毛をそれぞれ、冬羽、繁殖羽、秋羽と呼ぶことにした(口絵参照)。

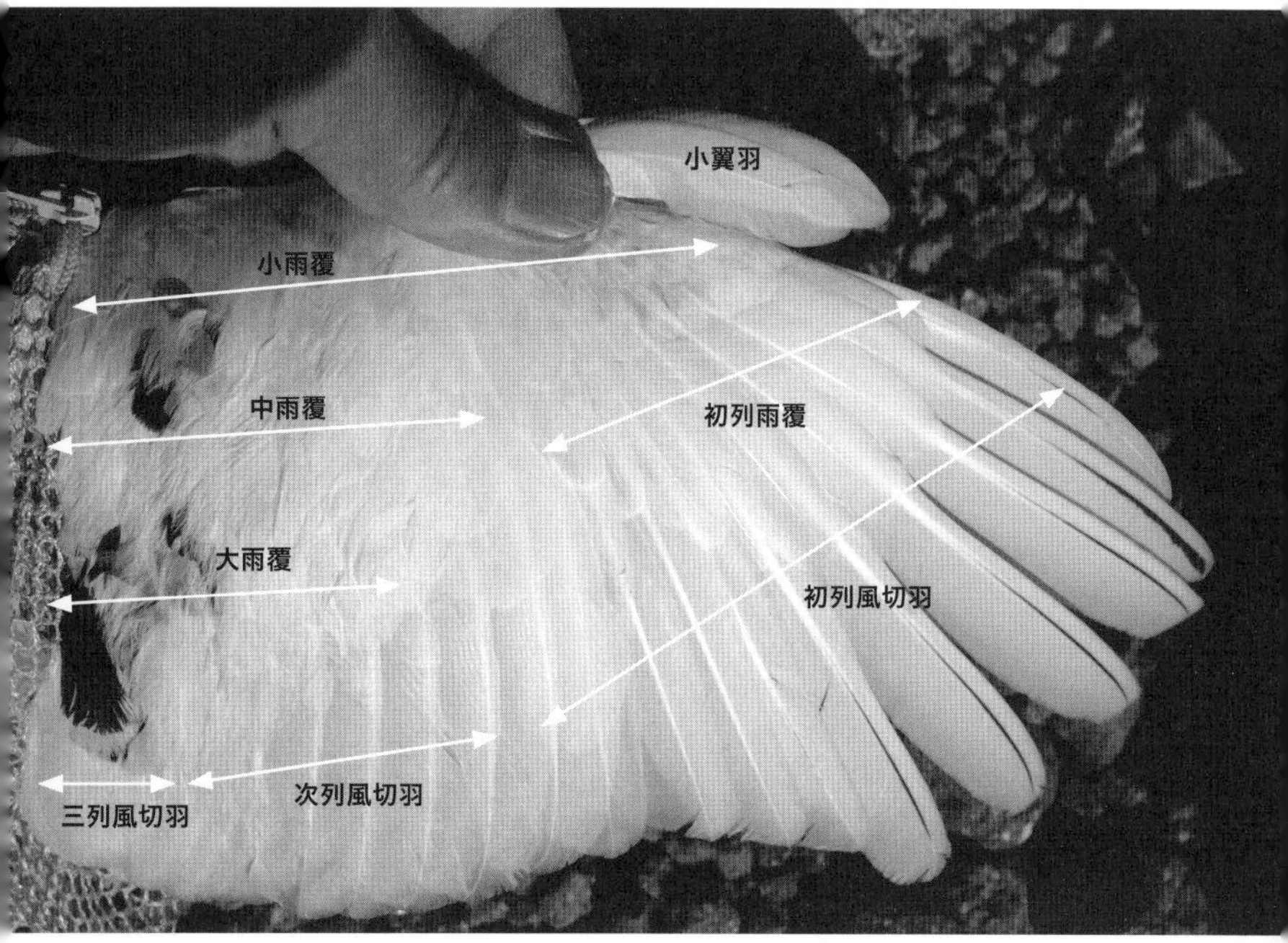

ライチョウの翼を広げ、翼の羽の名称を示した。飛翔に重要な役割を果たすのが、
初列風切羽、次列風切羽、三列風切羽、それに小翼羽。
残りは、体の表面を覆う初列雨覆のほか、大・中・小の雨覆である。

冬羽は、雪でおおわれた高山で目立たないための保護色で、雌雄ともにほぼ全身が白い羽になる。それに対し、春の換羽では、雄は黒っぽい姿に、雌は茶褐色の姿に変わる。なぜ春の換羽では、雌雄で異なる色に変身するのだろうか。この理由には、二つの要因が関係していると思われる。ひとつは繁殖活動に関係していて、雄は繁殖期にはなわばりを確立し、雌を獲得する必要がある。そのためには、できるだけ目立った色の方が効果的だ。しかし、だからといってあまり目立ちすぎては、捕食者からねらわれやすくなる。雄は目立つ岩の上などで、なわばりの見張りをして過ごす時間が多いので、岩の色に似せ、体の上面だけ黒い色がよいのだろう。一方雌は、雄のように姿を目立たせる必要がないので、枯草の色に似た茶褐色になるのではないかと考えている。

では、雌雄ともによく似た秋羽のくすんだ黒褐色は、どのような保護色なのだろうか。残雪が解け終えた夏から秋の高山帯は、ハイマツ群落のほか、夏に緑の植物でおおわれる雪田植生、砂礫地と矮性低木群落からなる風衝地、さらに岩場などで広くおおわれている。ライチョウはこの時期、雌雄どちらも、ハイマツ群落の中に隠れて休息し、雪田植生、風衝地、岩場といった開けた環境に出て餌を食べる。そのため、夏の採食地となるこれらのどの環境でも目立たない色が、岩や砂などに似た秋のくすんだ黒褐色なのではないか、と私は考えている。雄にとっては繁殖が終わっているので、繁殖羽のままでは夏は目立ちすぎる。雌にとっても、子育てをする夏には、植物が芽生えて緑になるので、繁殖期の茶褐色のままでは目立ってしまう、という事情からなのだろう。

雌雄で異なる換羽の時期

捕獲した個体の換羽データが増えるにつれ、雌雄で換羽の時期に差があることにも気づいた。その差について明らかにするために、四季を通してライチョウの写真を撮り、写真からも換羽について分析することにした。その写真分析も含め、ライチョウの換羽については、研究室の西野裕子さんが卒論研究としていっしょに研究することになった。そして二年がかりの調査で、ライチョウの換羽の実態が彼女により明らかにされた。分析が進むにつれ、ライチョウの換羽は、日本の高山の四季の変化と見事にマッチしていることに、あらためて驚かされることになった。季節ごとの環境の変化とライチョウの生活の変化、それらと換羽との関係に注目して、さらに詳しくみてみよう。

冬羽から繁殖羽への換羽

真っ白な冬羽から繁殖羽に変わりはじめるのは、雄では三月下旬、雌では四月上旬から。この時期は、ちょうど高山帯で雪解けがはじまる時期にあたっている。最初に繁殖

冬羽が抜け、代わって黒い羽が頭から首にかけて伸びてきた4月中旬の雄。
繁殖羽への換羽は、体の上の部分からはじまり、下に進んでゆく。

羽に変わりだすのは、雌雄ともに頭と首の部分である。白い羽が徐々に抜け落ち、代わって黒や茶褐色の繁殖羽が白い冬羽の間から伸びてくる。続いて背中、腰、さらに尾羽の上の上尾筒、胸の順に、体の上面から下に向かって、つぎつぎに繁殖羽への換羽がはじまる。翼をおおう雨覆がそれに続き、最も遅れて脇腹と下尾筒の換羽がはじまる。そのため、ライチョウはしだいに白い姿から黒や茶褐色の姿に変わってゆく。そして繁殖羽への換羽が終わるのは、雌雄ともに六月中ごろで、脇腹と下尾筒がこれよりもやや遅れて終了する。先にふれたように、この春の換羽では、風切羽や尾羽などの飛翔羽や、体の下の腹や脚の羽毛は換羽しない。

飛翔羽の換羽

飛翔羽の換羽は、雄では繁殖羽の換羽がほぼ終了した六月下旬、雌では七月に入ってからはじまる。飛翔羽ではじめに換羽するのは、初列風切羽である。捕獲した個体の換羽スコアから、雄の初列風切羽の換羽は六月二〇日にはじまり、一〇月七日に終了。この間、換羽にかかった期間は一〇九日と推定された。雄は、まだなわばり行動を行っている繁殖期終わりの六月から飛翔羽の換羽がはじまり、夏から秋に三か月以上かけ換羽していたのである。

一方雌は、雄よりも遅れて初列風切羽の換羽に入るが、抱卵中に卵を捕食されて繁殖に失敗した雌と、雛を連れている雌とでは、開始時期にちがいがあった。繁殖に失敗した雌では、七月九日にはじまり、一〇月一二日に終了、換羽期間は九五日間だった。それに対し、雛を連れている雌では、八月一日にはじまり、一〇月一四日に終了、換羽期間は七四日間だった。このように、換羽開始時期は雄が最も早く、つぎに繁殖に失敗した雌、そして雛を連れている雌の順だが、換羽のスピードは開始時期が遅かったものほど早いので、終了はいずれも一〇月一〇日前後とほぼ同じ時期にそろった。

残りの飛翔羽の換羽は、初列風切の換羽の途中にはじまる。次列風切の換羽開始は、雄では七月一七日、雛を連れている雌では八月一九日からはじまった。尾羽の換羽はさらに遅く、雄では八月九日、繁殖に失敗した雌では八月二四日、雛連れの雌では九月四日にはじまったが、終了時期はいずれも一〇月上旬だった。

以上のように飛翔羽の換羽は、羽の部位により、また雌雄により開始時期に差がみられるものの、終了時期はほぼ一致しており、すべての飛翔羽は一〇月上旬から遅くとも一一月初めまでには終了していた。飛翔羽の換羽が終了するこの時期は、高山で積雪がみられる時期と一致している。つまり、飛翔羽の換羽は、積雪期に合わせてすべてが終了する仕組みになっていることが明らかになった。

繁殖羽から秋羽への換羽

飛翔羽が換羽する夏から秋の時期には、飛翔羽とともに全身の羽毛も換羽する。この時期に行われる換羽が、秋羽への換羽である。雄では初列風切羽と同じ六月末から七月初めにはじまるが、雌は抱卵中なので、約二週間遅れて七月中旬からはじまる。そのため、繁殖羽の換羽終了から秋羽の換羽開始までの期間は、雄では約一〇日間と短いが、雌では約一か月と長い。また、秋羽の換羽は、繁殖羽の換羽と同様、頭から背、下尾筒にかけての体上面の方が、胸や脇腹などの体側面よりもやや早くはじまっていた。

この夏の時期には、先に述べたように年一回の換羽である体下面の腹部と、脚の換羽も行われる。これは白い羽から白い羽への換羽で、秋羽の換羽にくらべると開始時期が遅く、一〇月末から一一月まで、三か月以上かけゆっくり行われる。体の下面で保護色に関係ない部分なので、急いで行う必要がないからなのだろう。

秋羽から冬羽への換羽

冬羽への換羽は、飛翔羽の換羽が終わりかけた九月下旬から一〇月上旬に、雌雄ともにいっせいにはじまる。この時期は、例年の初雪がみられる時期と一致している。また、繁殖羽や秋羽への換羽のように、頭から順にはじまるのではなく、頭から背、上尾筒にかけての体上面で、ほぼ同時にはじまる。これは、春先の雪解けが徐々に進むのに対し、秋の初雪では一日で真っ白な環境に変わるので、急いで行う必要があるからだろう。

雄の場合、秋羽の換羽を九月上旬までに完全に終えてから、冬羽の換羽がはじまっている。それに対し、雌は秋羽の換羽開始が遅いので、雛を連れた雌は秋羽の換羽を途中で中止し、すぐに冬羽の換羽を開始している。雛の世話のため、秋羽の換羽開始が遅れるので、雄や繁殖に失敗した雌のように、秋羽を完全に換羽する時間的な余裕がないためと考えられる。

ライチョウが冬羽への換羽を終え、ほぼ全身真っ白な姿になるのは、一一月末である。そのため、冬羽の換羽はほぼ二か月で、繁殖羽や秋羽の換羽にくらべて短期間に行われている。このちがいも、雪の時期は一気にやってきて、環境が大きく変わることに対応しているためと考えられる。

国により異なる換羽の仕方と時期

では、外国のライチョウの換羽はどうなのだろうか。まず、日本のライチョウとは反対に、世界で最も北に生息するスバールバルライチョウをみてみよう。

このライチョウの換羽を調査する機会が最近得られた。上野動物園などで、スバールバルライチョウの飼育をはじめたからである。飼育個体から換羽で脱落した羽を毎日集め、その羽を東京農業大学の小川博先生の研究室で調査することになった。分析を担当することになった同研究室の野下智洋君とともに、採集した羽を部位ごとに分け、それぞれどの時期に換羽が行われたかをみてみることにした。

その結果、スバールバルライチョウが冬の白い羽から繁殖羽への換羽を開始するのは、雌が四月上旬、雄は五月下旬で、日本のライチョウとは逆に、雌の方が一か月半ほど早いことがわかった。また、繁殖羽が抜け落ちてすっかり白い羽になるのは、雌では九月中旬、雄では九月下旬で、換羽にかかる期間は雌で六か月とすこし、雄では四か月半で、雄の方が雌より五〇日ほど短いこともわかった。日本のライチョウが八か月ほどかけて換羽するのにくらべ、換羽期間がずっと短く、雌雄で大きなちがいがあり、九月にはもう白い姿になっていた。さらにスバールバルライチョウは、繁殖羽と冬羽の二回の換羽であることもわかった。

日本のライチョウとスバールバルライチョウの換羽には、なぜこれほど大きなちがいがあるのだろうか。スバールバルライチョウの換羽期間が短いのは、雪の期間が長く、夏が短いため、ゆっくり換羽を行う余裕がないからだろう。九月には雪の時期が到来するので、日本より三か月も早く冬羽に換羽を終える必要がある。また、雌の方が早く換羽を開始するのは、卵をつくるのに早くから餌を多く食べる必要があり、雪が解けた場所で採食する時間が長くなるため、早く換羽する方が有利だからと考えられる。一方、雄は、春先にはなわばり行動のため、残雪地を含む広い地域を行動するので、まだ雪の多い時期から繁殖羽に変わるのは、かえって目立って不利になると考えられる。その結果として、雄は雌よりも遅れて、短期間に急いで換羽を行うことになる。雌雄ともに秋羽の換羽を行わないのは、雪のない時期が短く、その必要がないからなのだろう。

ライチョウを含め、鳥一般の換羽開始や終了時期は、季節変化の最も信頼できる指標となる日長時間によって引き起こされる。北半球では、冬に日長時間が短く、夏には長いが、緯度のちがいにより大きな差がある。北極に近いスバールバル諸島では、冬には太陽が昇らないので一日のほとんどが夜だが、逆に夏には太陽がしずまないので、一日中明るい白夜である。それぞれの地域に生息するライチョウは、その場所での日長時間の変化に反応して換羽を開始し、終了するように適応している。そのため、日本の日長条件のもとでスバールバルライチョウを飼育した場合には、なんと換羽が起こらないのである。

同じライチョウであっても、緯度や積雪のちがいにより、換羽の仕方や時期が大きく異なることが、外国のライチョウとの比較からわかってきた。これらのちがいは、日長時間の変化を手がかりに、それぞれの地域の環境に最も合った時期に、最も合った方法で換羽を行うように、長い時間をかけて進化してきた結果であることを示唆している。

高山で生きぬくさまざまな知恵

ライチョウは夏から秋の換羽で、ほかの多くの鳥と同様に、ほぼ全身の羽毛と飛翔に関係した羽を新しくする。それに対し、春と秋の換羽では、飛翔羽の換羽は行わず、体の上面と側面をおおう羽毛のみ換羽していた。つまり、夏から秋の換羽は多くの鳥と同様の換羽であるのに対し、春と秋の換羽は、ともに保護色のためだけのもので、ライチョウが高山で生きぬくために確立した独特の換羽様式とみることができる。

日本のライチョウは、一年のうちの八か月ほどかけ、高山環境の変化に合わせて換羽を行っていたが、換羽の状態に合わせて行動面でも、うまく適応していることがわかった。まだ冬羽になっていない九月末から一〇月に初雪が来てしまうことがある。そのようなときには、一面雪の積もった場所では目立ってしまうので、積雪がまだらなハイマツの中や、雪が一面には積もっていない岩場に身を隠し、目立たないようにしていた。逆に春先には、白い姿は雪解けの早い場所では目立ってしまうため、休息は雪のあるハイマツの下などでとっていた。春先や秋の換羽途中の時期には、雪の積もった植物群落の中や、斑に雪が解けた場所にいると、白・黒・茶色の斑模様はかえって目立たない。まわりの環境に溶け込むように生活場所を選ぶことで、ライチョウは年間を通して保護色になっているのである。

ライチョウの換羽の解明を通し、日本のライチョウが長い時間をかけて、日本の高山環境に見事なまでに適応してきた進化の過程を垣間見た思いがした。

6章 ついに解明された厳冬期の生活

厳冬期のライチョウの謎

二〇〇一年にライチョウの調査を再開して以来、最後の課題となったのは、一二月から二月にかけての厳冬期のライチョウの生活である。羽田先生を中心に爺ヶ岳で行われたライチョウ調査では、調査は一〇月末に終了し、つぎの調査は三月から開始されているので、厳冬期の調査は行われていない。この時期の調査は富山ライチョウ研究会により断片的に実施されているが、個体の確認が容易でないため、厳冬期のライチョウの生活の実体は、まだ解明されていなかった。乗鞍岳でのわれわれの調査も、車で行ける一〇月末か一一月の初めには調査を終了し、翌年の調査開始は、早くても四月からだった。したがってその間、ライチョウがどこで暮らしているのか、ということについては、憶測の域を出ていなかった。つまり、ライチョウの一年を通した「住」の問題には、いまだ解明されていない部分があったのである。

そのため、二〇〇七年から、この最後の課題である厳冬期のライチョウ調査を乗鞍岳で実施することにした。それを可能にしたのが、乗鞍岳の標高二三五〇メートルにある位ヶ原山荘の冬期間営業開始である。乗鞍岳では、冬山でのスキーブームの到来とともに、歩いて乗鞍岳に登り、厳冬期の高山でスキーをする人が多くなった。一二月には乗鞍高原のスキー場が営業を開始するので、スキーリフトを乗り継ぐと、標高一九九〇メートルの地点まで登ることができる。そこからは、乗鞍岳に向かってスキーのツアーコースが亜高山帯の針葉樹林内につくられている。このツアーコースを歩いて登ると、四時間ほどで山頂にたどりつく。位ヶ原山荘は、これらのスキー客のために、一二月の暮れから正月の時期と二月以後に、小屋の営業を開始したのだった。こうして、われわれの厳冬期のライチョウ調査が可能となったのである。

厳冬期の調査はじまる

まず明らかにしたいことは、厳冬期にライチョウがどこで生活しているか、である。それを明らかにするには、広い範囲を歩き回り、ライチョウをみつける以外にない。冬には、山全体が雪でおおわれ、下生えや低木はすべて雪の下となり、ダケカンバやオオシラビソの高木のみが雪の上に姿を出している。そのため、夏には藪で入れない場所も自由に歩き回ることができた。

しかし、どこにライチョウがいるのか、最初は皆目見当がつかなかった。二〇〇七年の一二月二二日、小屋から乗鞍岳に向かってやわらかい雪を掻き分け、ライチョウを探したが、いっこうにみつからない。ライチョウは、朝にねぐらから飛び立つときと、夕方ねぐらにつくとき、〝ガガー〟という声で飛びながら鳴く習性がある。いつもなら、この声でライチョウがいる場所を突き止めることができる。しかし、この方法は冬でも使えるだろうか。日が暮れて暗くなるまで待ち、この方法にかけてみることにした。

尾根筋の開けた場所に立ち、待つことおよそ三〇分。暗くなりはじめた一六時二五分に、〝ガガー〟という声がした。まちがいなくライチョウの声だ。その声につられるように、別の方向からも声が聞こえた。さらに五分後には、これまでとは別の場所からも声が聞こえてきた。いずれも、観察地点から上の森林限界付近からである。姿は確認できなかったが、これで雄がいることだけは確認できた。とりあえずそのことに満足し、すっかり暗くなった一七時過ぎ、小屋にもどった。

翌日は、早朝に小屋を出て、昨日声の聞こえた場所に行ってみた。しかし、雪の上に足跡はみつけたものの、姿はみあたらなかった。もっと高いところではないかと考え、標高二七〇〇メートルの高山帯まで広く探し回ったが、みつからない。あきらめかけて下山している途中、一四時ちょうどに下の谷のほうで、ライチョウの〝ガガー〟という声を聞いた。急いでその場所にかけつけ、ついにみつけることができた。真っ白な姿の雄二羽が、雪の上を歩いてダケカンバの冬芽をついばんでいた。はじめてみる真っ白な姿のライチョウである。

二羽をしばらく追ってゆくと、別の四羽の群れと合流し、六羽となった。その後、さらに別の二羽も加わり計八羽となった群れは、一時間ほど採食した後、すっかり暗くなった一六時四〇分に、一羽から数羽に分かれてそれぞれの方向に〝ガガー〟と鳴きながら飛び去った。ねぐら入りである。八羽はすべて雄で、そのうち六羽には足環がついていた。冬の時期のライチョウは、ほぼ全身真っ白なので、一面真っ白な雪の中でライチョウをみつけるのは、思ったほど容易なことではなかった。

三日目は一日風が強く、地面の雪が風に飛ばされて舞う地吹雪で、とても調査ができる状態ではなかった。それでも、二時間ほど外に出てみたが、あきらめて小屋にもどった。夕方にもう一度出かけたが、この日はねぐら入りの声も聞くことができなかった。

四日目は風もおさまり、晴れた天気となった。早朝から夕暮れまで一日歩き回り、この日は計一六羽のライチョウを発見できた。しかし、五日目の二六日にはふたたび風が強くなり、午前中に二羽見つけることができたのみで、午後には計五日間の調査を終えて下山した。

雄は森林限界付近に降りて生活

一二月の調査と、その後に行った一月三日から六日の調査でわかったことは、厳冬期のライチョウは森林限界付近で生活しており、夏の時期に観察された高山帯には、まったくいないことである。高山帯は広く雪におおわれるため、冬には餌が得られなくなる。加えて強風や寒さが厳しいので、それらを避けるために下に降りて生活していたのである。

これにより、「ライチョウは四季を通して高山で生活している」というそれまでの通説がくつがえされた。ライチョウが森林限界付近まで降りて食べている餌のほとんどは、先にふれたように雪の上に出ているダケカンバの冬芽であることもわかった。

もうひとつ明らかになったのは、森林限界付近の標高二四〇〇〜二六〇〇メートルで観察される個体は、すべて雄だったことである。一二月と一月に観察されたライチョウは、のべ四六羽だったが、そのすべてが雄で、雌は一羽も観察されなかった。この点は翌二〇〇八年から二〇〇九年の冬の調査でも同様で、長野県側の高山帯から亜高山帯をいくら探し回っても、厳冬期には雌をみつけることができなかった。

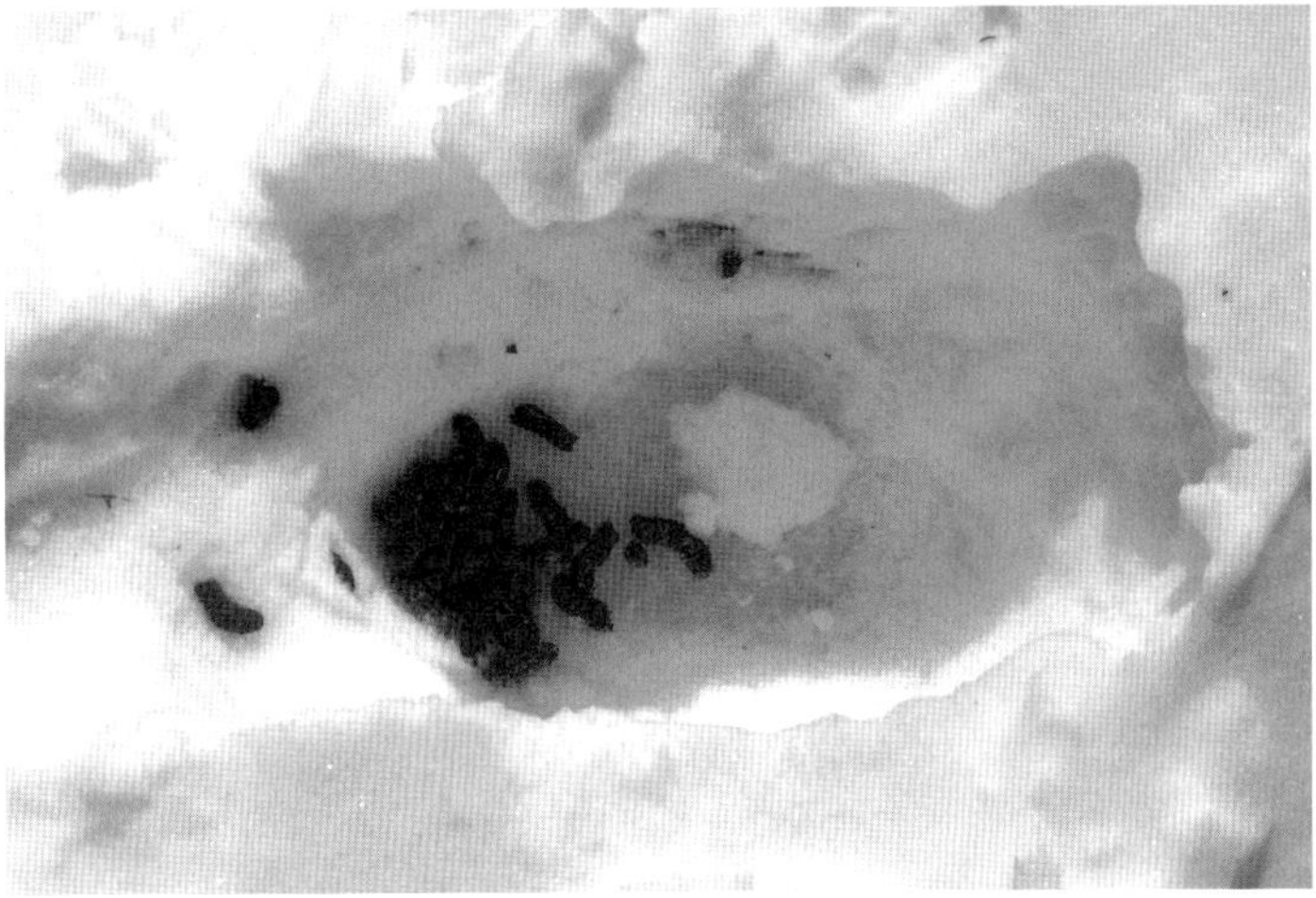

上.厳冬期、乗鞍岳の森林限界付近で越冬する雄の群れ。採食を終え、
ダケカンバの根元で休んでいる。すべて雄で、雌はいない。
下.雪の中に残されたねぐら跡。夜のねぐらとして使われた雪穴には、多数の糞が残されている。

雌はどこへ消えたのか？

二年間の冬山調査を通して、雌が厳冬期にいなくなってしまうことが明らかになった。調査に参加した学生や、協力してくれた地元の方々と、雌は厳冬期にどこに行ってしまうのか、さかんに論議するようになった。「雌は山の反対の岐阜県側に行っているのではないか」という意見や、「調査には見落としがあり、亜高山帯のどこかまだ未調査の場所に雌が集まっているのではないか」といった意見が出された。また、「冬は場所によってハイマツ群落の雪の下に隙間ができているので、雌はその中にもぐって生活しているのではないか」という意見もあった。一体どの説が正しいのだろうか。それを確かめるには、発信器を付けて追跡する以外に方法はない、という結論になった。

そして三年目の二〇〇九年一〇月末、大黒岳付近にいる雌三羽に発信器をつけ、冬のあいだどこに行っているのかを追跡調査することにした。三羽の雌は、一一月一三日の時点では、標高二七〇〇メートル付近の高山帯に留まっていた。しかし、一二月二五日の調査では、二羽の電波が取れなくなり、行方不明になってしまった。残りの一羽は、二五四〇メートルの桔梗ヶ原の森林限界付近に降りていることがわかり、姿も確認することができた。

上.雌の越冬地を明らかにするため、秋に発信器を付けた雌から送られてくる電波をアンテナで受信し、居場所を調査中の著者。
下.越冬地で過ごす発信機をつけた雌。胸の白い塊が発信器。

さらに二日後の二七日には、この雌は一気に二三〇〇メートル付近まで下りたことが、電波から確認された。その後の一月と二月の調査では、一二月二七日に確認されたのとほぼ同じ場所の二二〇〇メートル付近に、ずっと留まっていることがわかった。しかしその場所は、桔梗ヶ原からがくんと落ちた湯川谷の急傾斜地で、簡単に降りていける場所ではなかった。

この発信器をつけた雌が一二月末から二月までいた場所は、湯川の源流にあたる急傾斜地で、温泉が湧き出している近くだった。この場所は、標高的にみると亜高山帯にあたるが、急傾斜地のためオオシラビソやコメツガなどの亜高山帯の常緑針葉樹が育たず、ダケカンバがところどころに林をつくっている場所である。ここは、冬には雪崩の危険があるので、最初から調査対象地域から外していた。つまり発信器を付けた雌は、まったく予想外の場所に移動していたのである。

三月の初め、発信器を付けた雌がいるこの湯川の急傾斜地に降り、雌の越冬の様子や付近の環境を調査する決心をした。冬山の経験があり、信頼できる山岳関係者ひとりを連れて、この谷を降りてみることにした。すると、予想通り雪崩の痕が各地にあり、いつ雪崩が起きるかわからない危険な場所だった。安全そうなルートをみつけながら慎重に谷を降りると、谷のあちこちの雪上に足痕がみつかり、ライチョウを発見することができた。驚いたことに、この谷でみつかったのはすべて雌で、逆に雄は一羽も発見でき

ついにつきとめた雌の集団越冬地。雌は、湯川谷の急傾斜地に集まって越冬していた。
雪崩が起きやすいため、亜高山帯の針葉樹が育たず、ダケカンバが低い場所に林をつくっている場所だった。

なかった。

雌たちは単独か数羽の群れで、雪の上に出たダケカンバの冬芽を食べていた。電波を受信しながら発信器を付けた雌のいる場所まで降り、その姿を発見した。この谷では、急傾斜のためダケカンバが本来の標高よりも低い場所まで降りていて、冬でもダケカンバの冬芽が充分得られる場所であることがわかった。

今回調査できたのは、この谷のごく一部である。そのため、谷全体では相当の数の雌がいると考えられる。発信器をつけた雌を追跡することで、ついに雌の越冬地が発見できたのである。

その後の三月二八日の調査では、発信器を付けた雌は湯川の谷から上がってきて、標高二四九〇メートルの桔梗ヶ原で確認された。さらに四月には、標高二五五〇メートル付近の前年繁殖した場所にもどっていた。たった一羽の雌のデータではあるが、秋の積雪とともに高山帯から降り、厳冬期は亜高山帯の急傾斜地に集まってほかの雌と集団で越冬し、三月の雪解けとともに高山帯にもどってくることを確認することができた。

雌雄はなぜ、異なる場所で越冬するのか

考えてみると、雌が越冬している湯川の谷は、雄のいる標高の高い森林限界付近より

も過ごしやすい環境だった。冬には偏西風の影響で強い西風が吹くが、この谷は風下にあたる東側にあるので、比較的風の弱い場所である。雄の越冬地が標高二四〇〇～二六〇〇メートルなのに対し、雌の越冬地はそれより二〇〇メートルも低い二二〇〇～二四〇〇メートルなので、冬の寒さもそれほど厳しくないだろう。そして、ダケカンバの林が本来の標高よりもずっと低い場所にあるため、冬でもダケカンバの冬芽が得られる。さらに急傾斜地なので、地上からくるキツネなどの捕食者が近づきにくく、安全なのではないかと考えられる。

ではなぜ、雄も標高のより低いこの場所まで降り、雌といっしょに越冬しないのだろうか。また、厳冬期に雌雄がこのように別々に分かれて生活する理由は何なのだろうか。雌の越冬地の発見により、つぎの新たな疑問と課題が生じた。その答えは、厳冬期の雄と雌の生活や行動のちがいを観察すれば、おのずと導き出されるにちがいない。つぎに乗鞍岳での雄の冬の生活を、くわしくみてみることにしよう。

冬期の雄の生活

ライチョウが山から降りはじめるのは、高山帯が雪でおおわれはじめる一〇月下旬から一一月で、山全体が雪でおおわれる一二月下旬には、高山帯で一羽もみられなくなった。まだ高山帯にとどまっている一〇月末の段階では、観察された個体の約六〇%は雄だったが、その割合は一一月上旬には七四%、一二月下旬には九七%と増加し、森林限界以下の標高二四〇〇~二六〇〇メートルで一二月下旬に観察されたのは、ほとんどが雄だった。そのため、雌雄が分かれて暮らすようになるのは一二月から二月にかけてであることが、三冬かけた調査から明らかになった。

二〇〇七~二〇〇八年の厳冬期、位ヶ原山荘のある谷で越冬した雄は計二八羽で、そのうち二四羽は成鳥、四羽は前年生まれの〇歳の若鳥であることが、足環からわかった。二四羽の成鳥のうち、一八羽については、繁殖したなわばりがわかっている。そのうち一羽のみが、二・五キロメートル離れた尾根を越えた岐阜県側になわばりを持った雄だった。しかし、残りはすべて長野県側で繁殖した個体で、繁殖場所から二キロメートル以内にあるこの谷に集まってきていたのだ。つまり、この谷の集団は乗鞍岳全域からやってきたものではなく、ごく近くからの集まりなのである。この谷にあるような雄の越冬場所は、岐阜県側を含め、ほかに数か所ほどあり、雄たちはそれぞれの繁殖場所に近い越冬場所に集合しているものと考えられる。越冬後に繁殖した場所をみても、ほとんどの個体は越冬地から二キロメートル以内にある場所に分散し、多くは前年のなわばりにもどって繁殖していた。このことからも、雄が越冬する場所は、繁殖地からごく近距離であることがわかる。

厳冬期の雄の生活は、天候に大きく左右される。よく晴れた日には、まだ暗い朝の六時にねぐらから飛び立ち、〝ガガー〟と鳴きあう。その後、餌のある場所に集まって群れをつくり、一時間ほど群れで移動しながら採食するが、日が昇る七時半ころまでには採食をやめ、ダケカンバやオオシラビソの根元に集まって休息に入る。

日中はまったく動き回らず、午後の三時ごろになると群れで採食に出かける。一時間半ほど採食した後、すっかり暗くなった五時ごろには、飛び立ってねぐらに入る。ねぐらは、木の生えていない開けた一面雪の急斜面で、単独、または数羽が集まってそれぞれ雪穴を掘り、その中で眠る。

逆に、吹雪の日など天候の悪い日の方が行動は活発で、日中でも採食を行うが、夏のように一日中動き回ることはない。大半は雪穴を掘ってその中で休息して一日を過ごす。

厳冬期に集まった雄は、群れで仲よく過ごしているわけではなかった。採食中、雄同士の攻撃と追いかけあいがたえず観察された。争いが激しいときには、日中でも〝ガガー〟という声が聞かれることもある。この時期の争いは、近づいた雄を攻撃するという性質のもので、それが高じると、飛んでの追いかけあいに発展することもある。しかし、繁殖地でみられるような、場所を独占するための争いではない。あくまで、おたがいに強さを誇示しあっているのである。

三月に入ると、朝夕の採食の群れは、しだいに高い場所に移動していきながら、争いの激しさを増していく。そして最後には、群れはまとまりを失い、分解してしまうのである。また、このころになると、高山帯に一時的に姿を現す雄がみられるようになる。高山帯に雄がもどるとともに、雄同士の争いは、場所に結びついたなわばり争いに変わっていく。

おそらく雄にとっては、高山帯が一面の雪でおおわれる冬の時期から、繁殖地の近くで過ごすことが、繁殖なわばりを確立する上で有利なのだろう。一方雌は、なわばりを持たないので、冬期間は最も安全な場所に移動して過ごし、雪解けが進んでから、雄よりも遅く繁殖地にもどってくると考えられる。

ノルウェーやカナダ北部など、北極に近いツンドラ地域で繁殖する大陸の亜種では、冬期には南に長距離移動し、渡りをすることが知られている。その場合、雌はより南まで長距離を移動するのに対し、雄は短距離しか移動しないので、同様に冬期は雌雄が分かれてくらしている。乗鞍岳の場合は独立峰だから、長距離移動は難しい。だが、垂直移動すれば越冬できる環境がすぐ近くにあるので、冬には森林限界まで降りることで、繁殖地の近くに留まることが可能なのだ。

7章 どれだけ生まれ、どれだけ育つか

ライチョウの個体群研究

これまで、高山環境に見事に適応したライチョウの「衣食住」についてみてきたが、つぎは視点を変えて、どれだけ生まれ、どれだけ育ち、また死亡するかという数に注目してみることにしたい。

まずは、産まれた卵のうち、孵化する数はどのくらいか。そして、孵化した雛のうち、親から独立する秋まで生き残る個体はどのくらいか。さらに、翌年まで生き残って繁殖する割合は、それぞれどのくらいなのだろうか。それらを把握するには、個体識別して長期間にわたり、個体ごとの一生をみていく必要がある。その大変な調査をすることによって、どの時期の死亡が、集団全体の数の減少につながっていくのかがわかる。それ

がわかれば、その時期の死亡原因を明らかにし、対策を講じていくことで、ライチョウの保護に貢献できるはずである。このように、生まれる個体と死亡する個体を調べ、集団全体の数が、季節や年ごとにどのように変化するかを長期間みていく研究が「個体群」研究である。個体群とは、ある地域に生息する個体全体をいう。

こうした個体群の研究を、研究室の学生に加え、それ以外の多くの方の協力を得て、これまで乗鞍岳で一二年間にわたり行ってきた。そこで明らかにされたさまざまな成果について、順を追って紹介することにする。

ライチョウの産卵数

ライチョウの巣は、人の膝の高さ以下の背の低いハイマツの下につくられる。それも、ハイマツ群落の縁につくることが多い。多くは一五度から三〇度の斜面で、巣の上をハイマツの枝がおおっているため上からはみえないが、下方に向かって窓が開いているような場所だ。巣の中からは、ハイマツの枝の窓から下方が見渡せ、天敵が近づいたときには、窓の部分から飛び出せるようになっている（口絵参照）。

巣はハイマツの下の窪地に、ハイマツの枯葉やコケなどを集めてつくられる。大きさは直径二〇センチメートルほど。卵は、一日か二日間おきに一個ずつ産み落とされる。

上.卵の上にハイマツの枯葉やコケを置き、卵を隠した状態の産卵中の巣。雌は全卵を産み終えてから、抱卵を開始する。
下.雛が全員無事に孵化した巣に、残された卵の殻。卵の中で、雛は回転しながら嘴の先で卵を割るので、どの卵も2つに割れている。

全卵を産み終えるには一週間から一〇日間ほどかかり、その間、卵を温める抱卵行動は行われない。雌が卵を産み、巣を離れるときは、近くのハイマツの枯葉を卵の上にかけて隠し、みえないようにする。そのため、最初は深さ一〇センチメートルほどあったお椀型の巣も、全卵を産み終えるころには、巣の中央の丸いくぼみが卵にかけたハイマツの枯葉で埋まり、巣全体が皿状になる。

鳥が産む卵の数を「一腹卵数」という。乗鞍岳で二〇〇六年から二〇一一年に発見した計六三巣の一腹卵数は、最も少ない巣では二卵、最も多い巣では七卵、平均は五・七六卵で、五卵と六卵の場合が最も多かった。

抱卵は、すべての卵を産み終える六月中ごろから開始されるが、卵を抱くのは雌のみである。雄は、産卵から抱卵の時期を通して、巣に近づきもしない。卵は抱卵を開始してから二二日間ほどで、ほぼいっせいに孵化する。抱卵期間中、雌は一日に二、三回、餌を食べに巣を離れるのみで、それ以外は昼も夜も卵を抱き続ける。

困難な巣探し

ライチョウの巣をみつけることは、簡単ではない。ほかの鳥の場合には、巣材を運ぶ行動を観察すれば、巣をみつけることができる。しかし、ライチョウの場合、ハイマツの下で巣のまわりにある枯葉やコケを集めるので、それらを巣に運ぶ行動は、外から観察できないのである。また、雌は卵を産むと、卵の上に巣材をかけて隠し、つぎに卵を産むまで巣にほとんど近づかない。これらの習性は、高山帯という見通しのよい環境で繁殖するために獲得した知恵なのだろう。

そのため、抱卵中の雌が餌を食べに巣から出たときが、巣をみつける唯一のチャンスである。そんな雌をみつけたときは、ほかの人を大声で呼び、見通しのよい場所に人を配置して、巣にもどるところを観察することになる。巣から出た雌は、二〇分間ほど急いで餌を食べる。天気のよいときには急いで砂浴びをした後、飛んで巣の近くに降り、そこから歩いて巣に入る。巣は、その飛び込んだ場所から五メートル以内にある。みつけた採食中の雌が抱卵中かどうかは、ついばみ回数の速さから簡単に知ることができる。抱卵中の雌は、一分間に一〇〇回以上せわしくついばむのに対し、そうでない雌はそれよりゆっくりで、回数も少ないからである。

しかし、雌が巣から餌を食べに出る時刻はその日の天候に左右され、日によってまちまちだ。いつ出てくるかわからない雌を、一日中じっと待つわけにもいかない。長さ二・五メートルほどの竹の棒で、巣のありそうな場所をたたいて回り、巣から飛び出させてみつけたことも何度かあるが、巣のありそうな場所はなわばり内にたくさんあるので、この方法も決して効率のよい方法ではない。みんなで竹の棒を持ってハイマツをたたい

砂浴びをする雌。抱卵中の雌は日に2回から3回、餌を食べに巣を出る。餌を食べた後、天気のよい日には、急いで砂浴びをしてから巣にもどる。

て回ったがみつからず、途方に暮れたことが何度かある。一シーズンに発見できる巣は、がんばっても一〇巣ほどだった。

外国では、ライチョウの巣探しに、訓練した猟犬を使っている。猟犬が抱卵中の雌の匂いを嗅ぎつけ、巣の場所を教えてくれるのだ。日本と異なり、外国ではライチョウは狩猟鳥なので、巣探しに猟犬を使ってもとくに問題はなく、違和感もないのだろう。特別天然記念物に指定され、国立公園に生息する日本のライチョウでは、まったく考えられないことだ。この点に関してだけは、外国の研究者がうらやましいかぎりである。

日本のライチョウの産卵数は世界最少

ライチョウの一腹卵数は、北の繁殖集団ほど多く、南ほど少ない傾向にある。最も北で繁殖する火打山・焼山の平均は六・三九卵と最多であるのに対し、南アルプスでは五・二三卵と最少で、一卵以上のちがいがあった。

これまでに日本で発見された計二二一巣の平均は、五・七九卵だったが、日本以外のライチョウでは、どうなのだろうか。日本についで南に分布する集団は、フランスとスペインの国境にあるピレネー山脈にすむライチョウである。そこでの平均一腹卵数は五・九卵で、日本よりわずかに多い。三番目に南に分布する集団は、ヨーロッパアルプスのライチョウである。イタリア北部のアルプスでの平均は六・五卵、フランスのアルプスでの平均は六・九卵で、ともに日本よりほぼ一卵多い。さらに、カナダのフェアバンクスでは七・二卵、アリューシャン列島では八・三卵と、北で繁殖するライチョウほど一腹卵数は多くなる。このことから、日本のライチョウが産む卵の数は世界で最も少なく、中でも最南限である南アルプスの五・二三卵が、世界最少であることがわかった。

ではなぜ、北で繁殖するライチョウほど一腹卵数が多いのだろうか。これは、ライチョウだけでなく、じつは多くの鳥で一般的な傾向でもある。北の繁殖地ほど、春はいっせいに訪れ、急激に豊富な餌が得られるようになること、また、夏には昼間の時間が北の高緯度地域ほど長く、子育てに多くの時間をさけることなどが、その理由とされている。しかし、この説明は世界全体のライチョウに当てはまっても、日本の中でのちがいには当てはまらないように思われる。なぜなら、最北の火打山と最南の南アルプス南部では、緯度がわずか一度三五分しかちがわないにもかかわらず、一卵のちがいがみられるからである。日本のライチョウでは、緯度のちがいだけでなく、何か別の要因が関係している可能性がある。その要因は、冬の雪の量と関係するのではないか、と私は考えている。日本では、日本海気候の影響を受け、北に位置する山岳ほど多雪である。そのため、北では雪解け時期は遅いが、雪解け後はいっせいに植物が成長するので、雛が孵化する時期にはやわらかい餌が豊富に得られる。そのため、緯度のちがいに加えて、多雪の影響がさらに加わって、緯度による一腹卵数のちがいを際立たせているものと考えられる。この点についてては、今後、雛の餌となる高山植物の質と量の、雪解けと関係したさらなる調査が必要となる。

高い孵化成功率

みつけた巣は、その後も定期的に訪れ、孵化に成功したかどうかを確認していく。雛はほぼいっせいに孵化し、すぐに歩けるようになる。孵化から一日以内に雌親に連れられ、巣から離れた雛たちは、ふたたび巣にもどってくることはない。そのため、孵化の場面に遭遇することはほとんどないが、孵化した後の卵の殻や、孵化に失敗した卵がそのまま巣内に残されているので、いくつ孵化に成功したかを知ることができる。

発見できた六三巣のうち、卵を孵化させたのは五〇巣で、七九％だった。また、発見した六三の巣にあった合計三六九個の卵のうち、孵化した卵の割合は七二・一％だった。残り一〇三卵は孵化に失敗したもので、原因は捕食によるものと、無精卵や発生の途中に卵内で死亡したものとがある。

捕食による場合は、巣内のすべての卵がなくなっており、食べられた卵の殻が巣の中やまわりでみつかることがある。残された卵の殻が無事孵化したものか、捕食されたものかは、殻の形状から区別できる。無事孵化した卵は、雛が卵の中で体を回転しながら嘴の先で殻を割っていくので、ほぼ半分に割れ、そのまま巣に残されている。それに対し、オコジョによる捕食の場合には、殻の外側から丸く穴があけられたものが、巣の中や近くに落ちている。カラスに捕食された場合は、不規則に割られた殻が落ちているので区別できる。キツネやテンに捕食された場合は、卵はまるごと全部なくなり、殻は落ちていない。だから、巣の近くに残された卵の殻や卵のなくなり方、さらに足跡や糞をみることで、捕食者を特定することが可能なのだ。孵化に失敗した合計一〇三卵は、その七六・七％が捕食で、残りは無精卵や死卵だった。

乗鞍岳での巣あたりの孵化成功率は、先に述べたように七九％で、同様に調査されている立山での孵化成功率は七七％と、ほぼ同じ数字だった。この値は、高いのだろうか、それとも低いのだろうか。

外国でのライチョウの調査結果によると、ピレネーのライチョウの孵化成功率は六八％、フランスのヨーロッパアルプスでは四一％、イタリアのアルプスでは五〇％、カナダ北部では五五・三％、スバールバル諸島では四四〜四八％という結果である。これらと比較すると、日本のライチョウの孵化成功率は、世界で最も高いことがわかる。

一体、その理由は何だろうか。それは、日本の高山にはハイマツがあり、多くのライチョウの巣が、背の低いハイマツの下につくられているためと考えられる。ライチョウの生息地にハイマツが存在するのは、日本のほかには極東ロシアしかない。ヨーロッパやカナダなどの多くのライチョウ生息地では、巣は草の根元や岩の間のくぼみにつくられるので、外からみえやすい。それに対し、ハイマツの下につくられた巣は外からほとんどみえない。つまり、日本のライチョウの巣は海外にくらべ、捕食者からみつかりにくい場所につくられているので、孵化成功率が高いのである。

孵化後一か月で雛は半減

七月に入ると雛の孵化がはじまり、多くの巣では七月中旬に孵化する。このころになると、孵化したばかりのかわいい雛を連れた雌親が、登山道のあちこちでみられるようになる。雛は雌のまわりを活発に動き回るが、まだ飛ぶことはできない。雌親はときどき雛を呼び集めて餌をついばみ、雛はそれをまねてついばむ。雛は巣立ってからは自分で餌をとり、雌親が餌を与えることはない。しかし、まだ体温調節ができないので、雌親はときどき雛を呼び集め、腹の下に入れて温めてやる。温まった雛は、いっせいに腹の下から飛び出し、また活発に動き回る。

雛が孵化すると、つぎは雛の数に注目して、雛の成長とその数の変化をみていくことになる。雌の連れている雛数は、最初は六羽、七羽と多いが、雛が大きくなるにつれ、

上.雛を温める雌。孵化したばかりの雛は体温を維持できないので、雌親はときどき、雛を腹の下や翼の中に入れ、温めてやる。
下.孵化1か月後の雛。ここまで無事に育つ雛は、孵化した雛の半分ほどにすぎない。雛の死亡原因は、孵化直後の時期の悪天候と捕食者であることがわかった。

減少してゆく。孵化した後の雛の生存の様子は、雌親が何羽の雛を連れているかで知ることができる。その様子を、二〇〇六年から二〇一一年の六年間にわたり調査した。その結果、多くの年で、雛数は孵化直後に急減し、一か月後には半分ほどになってしまうことがわかった。

しかし、その後は生存率が比較的よくなり、減少のカーブもゆるやかになる。だが、九月末の親から独立する時期まで生き残る数は、多くの年で、孵化した雛の二割から三割にすぎないことがわかった。

ライチョウの雛の生存率を明らかにした外国の研究は少ないが、八月の生存率を見ると、乗鞍岳では三九・三%だったのに対し、ピレネーでは四五・七%、フランスのヨーロッパアルプスでは四六・一%、ノルウェーのスバールバル諸島では七七・五%で、北の繁殖地ほど高い値となり、乗鞍岳での生存率が最も低いことがわかった。

日本ではなぜ、雛の生存率が低いのだろうか。次章でその理由をみていくことにする。

8章 ライチョウの死亡原因と寿命

雛の捕食者

日本のライチョウは、産む卵の数が少ない上に、孵化後の雛の死亡が多く、孵化一か月後には半減してしまうことがわかった。孵化した雛がこれほどまでに減少してしまう原因は、一体何だろうか。

まず考えられるのは、捕食である。日本では、孵化したばかりの雛を捕食する天敵が多い。オコジョ、テン、キツネ、ハシブトガラス、それから小型の猛禽のチョウゲンボウなどである。孵化後一週間ほどの家族が、めずらしく雪渓に出て昆虫をついばんでいるのをみつけたので、近くから観察していると、飛んできたハシブトガラスが急降下し、一羽の雛を嘴にくわえて飛び去ってしまった。あっという間の出来事だった。乗鞍岳で

上.卵と雛の新たな捕食者となったハシブトガラス。本来は低山にすむが、
40年ほど前から高山帯に侵入し、ライチョウの捕食者となった。
下.ハシブトガラスに捕食された卵の殻。殻が不規則に割られている。

上.卵と雛の捕食者であるオコジョは、体重100グラムほどの小さなイタチの仲間。
肉食で、もともと高山帯から亜高山帯にすんでいる。
下.オコジョに捕食され、巣の近くに散らばっていた卵の殻。卵に丸い穴があけられ、
中身が捕食されている。

は、春先から秋のシーズンを通して、一羽から数羽のハシブトガラスをよくみかける。以前から、ライチョウの卵や雛を捕食しているのではないかと懸念していたが、ついにその現場を目撃したのだ。

だが、雛の最大の捕食者はオコジョである。この時期には昼間も活発に行動し、ライチョウの雛を捕食するのが各地で観察されている。二〇一二年七月には、乗鞍岳で調査中に、私を警戒して岩の隙間から出入りするオコジョを見つけた。その岩の入り口にはハエが何匹か飛んでいたので、そこが巣かもしれないと直感した。予想は的中し、岩を取り除くと巣があった。みると、中には多数の鳥の羽があり、ライチョウの雛の羽のほか、上半身が食べられたイワヒバリの雛が置かれていた。

天候に左右される雛の生存率

天敵による捕食が、孵化後の雛の数を減少させる原因であることは間違いない。だが、これとは別に、もうひとつ大きな原因があることに気づいた。そのきっかけとなったのが、雛の生存を調査した六年間のうち、二〇〇八年だけは、特別に巣立ち後の雛の生存率がよく、一か月後になっても八割近い雛が生き残っていたことである。ライチョウの孵化時期は、ちょうど梅雨の時期にあたるが、この年は例年より早くから梅雨が明けた年だった。

乗鞍岳のほぼ中心、標高二七七〇メートルの地点に東京大学宇宙線観測所がある。そこでは、七月から九月にかけて気象観測を行っており、観測データが公表されている。そのデータを使わせていただき、大学院生の小林篤君とともに各年の七月から九月の雨量、天候、気温と、雛の生存率の関係を分析してみた。

まず、雨量についてみると、雛の生存率がとくに高かった二〇〇八年は、七月と八月の雨量が異常に少なく、雨がふっても一日あたり六〇ミリメートル以下であることがわかった。そこで、各年の平均孵化日から一週間ごとの雛の生存率と、その間の総雨量との関係を分析してみた。すると、孵化一週間目には高い関連性がみられ、相関係数はマイナス〇・九三となった。相関係数は、二つの要素が正比例していればプラス、反比例していればマイナス、まったく関係がなければ〇に近い数値となり、プラス一からマイナス一の値をとる。したがって雨量の多かった年ほど、雛の生存率が低いという明確な関係があることがわかった。同様に孵化二週間目と三週間目についてみると、それぞれマイナス〇・六九、〇・三一と、値はしだいに低くなり、孵化四週間以後になると関連性はまったくみられなくなった。つまり、雛の生存には孵化後一週間目の雨の量が大きくマイナスに働いており、その影響は孵化三週間目まで認められるが、それ以後はなくなることを意味している。

つぎに天候について、九時、一二時、一五時の一日三回の記録をもとに、晴れは〇、曇りは一、霧は二、雨は三という天候の悪さを数値で示し、孵化後一週間ごとの天候の悪さと、雛の生存率との関係を分析してみた。結果は、孵化後三週間目までは天候が悪いほど雛の生存率は低かったが、それ以後は影響していないことがわかった。

そして最後に、気温である。六時、九時、一二時、一五時、一八時の一日五回の気温の平均をその日の平均気温とし、同様に孵化一週間ごとの平均気温と、雛の生存率との関係を分析してみた。結果は、孵化一週間目と二週間目には、気温が高いと雛の生存率が高くなったが、三週間目以後は関係が認められなかった。

以上の結果から、雛の生存率は、孵化直後の天候に大きく影響されており、悪天候で雨が多く、気温が低い年ほど雛の生存率は低いことが明らかになった。だが、孵化後一か月を過ぎた八月中旬以降には、雛の生存率は天候に影響されなくなる。それはこのころになると、体温調節ができるようになるためで、先にふれたように、その後の雛の生存率は比較的よくなっていた。

ここで、雛が独立するまでの生存率と、雌親の年齢との関係を見てみよう。年齢がわかっている計七三羽の雌が、九月下旬に連れている雛の平均数は、一・四四羽だった。年齢別に見ると、一歳雌は〇・四九羽と最も少なく、二歳雌が二・〇五羽と最も多くなり、以後は加齢とともに減少する傾向にあった。初めて繁殖する一歳雌は、産む卵の数が少ない上、孵化しない卵がやや多く、育てる雛数が少ない。しかし、二歳になると、最も多く卵を産み、孵化しない卵も減って、育て上げる雛数が最も多くなる。つまり、ライチョウの雌は二歳で最も繁殖能力が高まり、以後は加齢とともに下がっていくことがわかる。

さらに、親から独立後の雛の生存率をみてみると、独立する一〇月の生存率は、月あたり七七・〇％で、さらに一一月から翌年の三月までの冬には、各月九〇％以上の高い生存率だった。これは、雛の時期には死亡率が高いが、親から独立してからは死亡率が低く、親鳥とほぼ変わらないことを意味している。

ライチョウの寿命

つぎに、産卵された卵の数を基準にして、その後の生き残りの様子をみてみることにしたい。

生まれた卵の数を一〇〇〇として、その後の生き残りの様子を示したものを生存曲線と呼んでいる。乗鞍岳のライチョウでは、一〇〇〇個の卵のうち、孵化するのは七二一と推定された。その後、親から独立する一〇月まで生き残るのは二二〇に減少し、年を越して一歳まで生き残るのは一五一と推定された。つまり一〇〇〇個卵が産まれても、親から独立するまで生きている雛は二二％、さらに翌年一歳となり、繁殖できるまで生き残るのは雌雄ともに一五％に過ぎないのである。

さらに、一歳以後ではどうなるだろうか。一歳までは、雄と雌の生存に差はないが、一歳以後は、雄と雌でちがいがみられるようになる。一〇〇〇個生まれた卵のうち、二歳まで生き残るのは、雄九一羽、雌八三羽で、その差の割合はわずかだが、その後は年々広がった。一歳の繁殖個体の平均余命を計算すると、雄は二・二〇年だったのに対し、雌は一・九〇年だった。雄の方が、雌より長生きするのである。雄で最も長生きした個体は一一歳、雌では一〇歳だった。

では、一歳以後、なぜ雄と雌で生存に差が生じるのだろうか。その理由を探るため、一歳以上の個体の生存率を各月ごとに比較してみた。

死亡はどの季節に多いのか

年間で最も生存率が低い、つまり最も死亡率が高いのは、雌雄ともに五月だった。五月はなわばりが確立され、つがいが形成されて、繁殖活動が最も活発な時期である。その五月に、一か月間あたりに死亡する割合が雄で九％、雌で一一％となり、年間で最も高いことがわかった。

その後、抱卵がはじまる六月には、雌雄ともに生存率はやや高まるが、雌雄間で差がみられたのは、育雛期にあたる七月から九月の三か月間だった。この間、雄の死亡率が月あたり二～三％とわずかだったのに対し、雛を育てている雌は、四～五％と高い値になった。雛が独立する九月末から翌年の三月までの間は、雌雄の生存率にふたたび差がなくなることから、一歳以上の雌雄の生存率のちがいは、主に育雛期の生存率の差に起因していることがわかった。この夏の三か月間、雄は雌よりも換羽を早く開始し、ほとんどの時間をハイマツの中で過ごしている。それに対し、雌は雛を育てるために活発に行動するので、捕食されやすい上、子育てをしながら換羽をするので、体力も消耗するためと考えられる。

繁殖時期のライチョウの雄と雌の数は、つねに雄が多く、雌が少ない。そのため、一夫一妻が基本のライチョウでは、相手を得られないのはいつも雄である。アブレ雄はいるが、アブレ雌はいない。雌だけが雛を育て、雄はまったく手伝わないというライチョウ独特の子育ての仕方が、雄に偏った性比をもたらし、アブレ雄を生み出していたのである。

当初、ライチョウの死亡率は、一年の中で冬が最も高いだろうと予想していた。高山にすむライチョウにとって、冬は最も厳しい季節と考えていたからである。しかし、意外や意外、調査の結果、一二月から三月の一か月あたりの死亡率は、雌雄ともにわずか一〜二%。なんと、この間の死亡率が最も少ないという結果が出たのである。ライチョウにとって冬の時期は、捕食者からも安全で、じつは最も過ごしやすい季節だったということになる。

ライチョウの親の死亡原因

ライチョウの生存率と死亡率は、季節によりちがいがあることがわかったが、そもそもの死亡原因は何だろうか。

ライチョウの親鳥が捕食される現場を目撃することは、まれである。だが、私は一度だけ目撃したことがある。二〇一〇年五月、乗鞍岳で小林篤君と雄を観察中、その雄が突然飛び立った。つぎの瞬間、耳元でジェット機のような羽音がした。ハヤブサが飛び立った雄を追い、空中で蹴落としたのだ。雄がハイマツの中に落ちると、すぐさまハヤブサも飛び込んだ。しばらくしてハヤブサはハイマツから飛び立ち、捕食に失敗したことがわかった。しかし、襲われた雄はその日以後、姿が確認できなくなった。おそらく、このときの傷で死亡したと考えられる。この雄は、人が近くにいたことで、ハヤブサの接近に気づくのが一瞬遅れた。ハヤブサは人の背後から、人に隠れて襲ったのである。

その同じ年の五月に、小林篤君が早朝、位ヶ原山荘のすぐ近くの道路上で、ハヤブサがライチョウを食べている現場に遭遇した。捕食されたのは、そこから二・二キロメートル離れた大黒岳になわばりを持っていた雄であることが、足環からわかった。ハヤブサは捕獲した現場で羽をむしり、頭部などを食べて軽くして、ここまで運んできたのである。小林君が遭遇したのは、残りの羽をむしり、食べはじめた直後だった。近くには、二羽のハシブトガラスが集まっていたという。ほかには、写真家の水越武さんが、イヌワシがライチョウを襲い、脚にとらえて飛び去る瞬間を写真に撮影している。ライチョウが最も恐れる天敵は、猛禽であることは間違いない。

だが、このような現場を目撃することはまれなので、調査中にライチョウの捕食者が観察された頻度や、発見されたライチョウの死骸から捕食者を推定するなどして、ライチョウの季節ごとの死亡原因について、検討してみることにしたい。

これまで、ライチョウの捕食者としては、イヌワシ、クマタカ、ハヤブサ、チョウゲンボウといった猛禽類、キツネ、テン、オコジョといった哺乳類、さらにハシブトガラスが知られている。このうち、オコジョとハシブトガラスについては、親の捕食ではなく、卵や雛の捕食が主である。

調査中にときどき、ライチョウが捕食された跡を発見することがある。多数の羽が一か所に固まって散乱しているので、その場で捕獲され、羽をむしられたことがわかる。その羽を調べることで、猛禽類による捕食か、哺乳類による捕食かを区別することができる。イヌワシ、クマタカ、ハヤブサなど大型の猛禽類に捕食された場合には、尾羽や翼の風切羽といった大きな羽は、一本一本の付け根をくわえ、嘴で引き抜かれる。そのため、羽の付け根に嘴の痕や、折れ曲がった跡がある。羽の付け根にこれらの痕跡がない場合には、哺乳類の可能性が高い。とくにキツネが捕食した場合は、風切羽や尾羽の付け根の部分も食べられ、その部分がなくなった羽がみつかる。おそらく、羽の付け根は栄養価が高いので、食べるのだろう。この部分が食べられると、糞の中に出てくる。ライチョウの羽の付け根が入ったキツネの糞が、これまでにいくつもみつかっている。

ライチョウの新しい捕食跡は、計二六回発見されたが、そのうちのほぼ半数は哺乳類による捕食、残り半分は猛禽類による捕食だった。このことから、哺乳類と猛禽類は、ともにライチョウの捕食者として重要であることがわかる。これらの捕食跡は、四月から一〇月にすべて発見されており、一一月から翌年の三月の冬の時期にはまったく発見されていない。これは、先に述べた冬に死亡率が低いこととも一致している。また、捕食跡は、月当たりの死亡率が高い四月から五月の時期に多く発見されていることも、哺乳類と猛禽類による捕食が、ライチョウの親の死亡要因として重要なことを示している。

さらに、雄の捕食跡は繁殖行動を活発に行う四月から六月に多いのに対し、雌の捕食跡は雛を育てる七月から九月に多い点も、両者の死亡率の時期的なちがいとよく一致していた。

上.ライチョウが猛禽に捕食された跡。抜かれた羽や羽毛が多数散らばっている。
下.キツネの糞からみつかったライチョウの羽。羽の付け根の部分が糞の中に残されている。

調査中にライチョウの捕食者を観察した場合には、そのつど記録を取っている。キツネ、テン、オコジョといった哺乳類は主に夜活動するので、昼間に観察されるのはほとんどが猛禽類である。二〇〇六年から二〇一一年にかけての調査で、一日あたり、どの程度捕食動物が観察されたかをまとめてみた。

猛禽類は、ライチョウの捕食跡がみつかった四月から一〇月に限られ、一一月から三月の冬の時期には、まったく観察されなかった。成鳥を捕食するクマタカ、イヌワシ、ハヤブサ、ノスリ、オオタカといった猛禽は、月あたりの死亡率が最も高かった四月と五月に最も多く観察され、つぎに八月から一〇月に多い傾向にあった。

それに対し、体が小さいため親を捕食できないチョウゲンボウは、雛が孵化する七月から九月に集中的に観察されており、この鳥は雛を捕食できる時期をねらって、高山帯に上がってきていることがわかった。チョウゲンボウは、いまから五〇年以上前は生息数が少なく、長野県北部の十三崖が、その集団繁殖地として国の天然記念物に指定されていたほどである。ところがその後、千曲川にかかる橋や街中のビルに営巣するようになり、最近では急激に数を増やしている。春に里で繁殖し、巣立った雛が夏になると高山帯に上がってきて、最近では夜行性のオコジョと並んで、ライチョウの雛の捕食者となっているのである。

数が安定した乗鞍岳の集団

これまで、乗鞍岳のライチョウの生存率や、死亡の原因についてみてきたが、これらと集団全体の数とは、どのように関係しているのだろうか。集団の数は、生まれてくる個体と外から入って来る個体、逆に死ぬ個体と外に出て行く個体の両者のバランスで決まる。乗鞍岳のように、移入と移出がない場合には、生まれてくる数と死ぬ数によって決まる。生まれる数に対して死ぬ数が多ければ、その集団は減少していく。逆に生まれてくる数の方が多ければ、その集団は増加していく。生まれる数と死ぬ数で、その集団が将来増えるか減るかを見る指標が、内的自然増加率である。一〇年以上にわたって、乗鞍岳で個体群の研究を続けてきたのは、じつはこの内的自然増加率を明らかにするためであったといってよい。そのために、最初に標識した個体が全員死ぬまでを目標に、調査を続けてきたのである。

内的自然増加率は値が一以上なら、その集団は増加する傾向にあり、一以下なら減少することを示している。計算の結果、乗鞍の集団の内的自然増加率は一・〇四七だった。この値はほぼ一なので、増えも減りもしない安定した集団である、という結論が得られた。このことは、乗鞍の集団が当面の間は、絶滅の心配のない健全な個体群であることを意味している。

同様の個体群研究は、減少の激しい南アルプスの白根三山でも行っているが、ここでの平均寿命は乗鞍よりも低く、内的自然増加率は一より低いことが明らかになってきた。また、火打山・焼山で行っている個体群研究でも、同様に内的自然増加率は一以下で、ここで生まれて死ぬ個体だけでは集団を維持できず、ほかの山岳から個体が入ってくることで、集団が維持されていることがわかってきた。

内的自然増加率は、集団の健全度を端的に示す指標である。この値が一以下だった場合には、数の増加を妨げている死亡原因が何かを解明し、適切な対策をとることで、保護に役立てることができるのである。

9章 明らかになったライチョウの社会

ライチョウの個体間関係

これまでは、最近の研究で明らかになったライチョウの「衣食住」の問題にはじまり、生まれてから死ぬまでの集団レベルの問題についてみてきた。つぎに、これらの明らかになった点をベースにして、「ライチョウの社会」という視点から、個体同士の関係についてみてみよう。ここでいう個体同士の関係とは、ほかの個体と群れをつくったり、なわばりを確立して排他的になったり、繁殖のためにつがいとなる、といった関係のことである。生きていくには、ほかの個体とどのような関係をつくるかという点も重要であり、そうしたさまざまな関係から成り立つ社会の解明は、この鳥の適応と進化を考える上で、重要な課題である。最新の研究からみえてきたライチョウの社会とは、一体どのようなものなのだろうか。

なわばりの確立

厳しい高山の冬を乗り切ったライチョウの雄にとって、つぎの大きな課題は、なわばりの確立である。なわばりを持たないと、雌を得ることができず、繁殖ができないからだ。一部の雄は、二月の時期から高山帯に姿をみせるが、この時期は、ちょっと様子をみにきたという程度である。この時期、岩の上に残されたわずかの糞が、そのことを物語っている。

冬の間、森林限界付近に降りていた雄が本格的に高山帯に姿をみせるのは、三月末からである。それまでは、ねぐらから飛び立った後、すぐに採食地に飛んでいったが、このころになると、数羽の群れで高山帯に飛んでゆくようになる。高山帯に姿をみせた雄は、〝ガガー〟と鳴きながらさかんに飛び回り、争いをはじめる。これが、なわばりの確立初期にみられる行動である。しかし、この時期の高山帯はまだ一面の雪におおわれていて、餌を取れないので、高山帯で過ごす時間は短く、日が昇るころには森林限界付近にもどってくる。

四月に入ると、夕方にも高山帯に姿をみせ、高山帯と森林限界とを朝夕に二往復する

雪解けがはじまった高山帯にもどってきた雄の群れ。
4月には、風衝地で雪解けがみられ、高山帯での採食が可能となる。

ようになる。このころは高山帯の風衝地で雪解けが進み、雪の下からはガンコウラン、コケモモといった常緑矮性低木が顔を出すので、高山帯でも採食ができる。さらに日中にも、雪解けの早い場所に雄の群れができて、集団での採食と活発な争いが本格化する。高山帯に留まる時間は急激に増え、五月中旬になると一日中高山帯で過ごし、特別に荒れた天気の日以外は亜高山帯にもどらなくなる。

なわばりは、雪解けの早い場所からつくられていく。雄は目立つ岩の上にとまって、なわばりの見張り行動を行い、ほかの雄が侵入した場合には飛び立って、追い出す行動をとる。なわばりの確立が進むとともに、雄の群れはみられなくなる。

一夫一妻のつがい形成

多くの雄がなわばりを確立する四月下旬になると、冬の間、雄と離れて生活していた雌も、高山帯に姿を現す。もどったばかりのころは雌の群れをみかけるが、すぐに単独で行動するようになる。まもなく、雌はなわばりを持った特定の雄と行動をともにし、つがいが形成される。

なわばり内に雌が入ってくると、雄は雌に求愛行動をとる。目の上の赤い肉冠を大きく開き、雌の前で頭を突き出すのだ。そして尾羽を垂直に立てて扇状に開き、両翼を下げて〝グルグルー、グルグルー〟と喉を鳴らして求愛するのである。つがいとなった後は、雌雄はたえず行動をともにする。

ライチョウは一夫一妻のつがい関係をつくって繁殖するが、まれに一夫二妻も観察されることがある。ライチョウの雄は、卵を温めたり、孵化した雛を世話したりはしない。雌が抱卵に入ってからは、雌が餌を食べに巣から出てきたときに、近くから護衛行動をとるのみである。二羽の雌が同時に巣から出ることはほとんどないので、一夫二妻になっても、ライチョウにとって不都合はない。にもかかわらず、一夫二妻がまれにしかみられないのは、ライチョウは一般的に雄の方が多く、雌の数が少ないためである。

雄の方が多いライチョウ

ライチョウは雄が多く、雌が少ないことを最初に明らかにしたのが、一九六一年に行われた北アルプス・爺ヶ岳での調査である。このとき、すべての雌が一夫一妻のつがいとなって繁殖したのに対し、雄にはつがいになれない独身のアブレ雄が存在することを明らかにした。その後、北アルプスのほかの八つの山岳と、南アルプス・仙丈ヶ岳でのなわばり調査から、いずれの山でも、雌はすべてつがいとなっているが、雄には独身の個体がかならずいて、平均すると雄三羽のうち一羽が独身であると推定している。

求愛するアブレ雄（左）に、そっぽを向く抱卵中の雌（右）。
抱卵をはじめた雌は、アブレ雄の求愛に応じることはない。

しかし、繁殖期のなわばり調査で、観察された雄がなわばりを持ったつがいの雄か、なわばりを持たない独身の雄かを区別することは容易ではない。問題なのは、つがい雄はなわばりという限られた範囲内で行動しているが、独身の雄は一挙に長距離を飛ぶことがあり、広い範囲を行動していることである。そのため、前に観察した独身雄と、つぎに観察した独身雄が同じ個体かどうかの判断が難しい。

この問題を解決し、正確な性比を明らかにするには、標識による個体識別が不可欠である。乗鞍岳での二〇〇六年から二〇一二年の標識調査によって、つがい雄と独身雄の数、そして性比を正確に把握することができた。この七年間の調査で、いずれの年も雄の方が雌より多かったが、雌の割合は少ない年で四一%、多い年で四九%と、年によるちがいがみられ、平均すると雌の割合は四六%だった。これは一〇〇羽の集団だった場合、雌四六羽に対し、雄は五四羽となり、八羽の雄が雌を得られないアブレ雄となることを意味している。この場合、アブレ雄の割合は、一四・八%となる。羽田先生が推定したように、三雄のうち一羽がアブレ雄とすると、雄の三三・三%がアブレ雄となるはずである。この数字が乗鞍での数字よりも二倍以上多いのは、個体識別によらない行動観察だったので、アブレ雄を重複してカウントしたためだと私は考えている。

ライチョウの性比は、つねに雄の方が多いことが、足環による個体識別からも確認された。その理由は、雌の方が年間の死亡率が高いためである。巣立った雛の世話をするのは雌のみで、雄は子育てを手伝わないというライチョウ特有の繁殖システムが、性比を雄に偏らせ、ひいてはアブレ雄を生み出す結果となっていたのである。

家族生活

先に述べたように、ライチョウの雛は孵化した翌日から母親に連れられて巣を離れ、ふたたび巣にもどってくることはない。孵化したばかりの雛は、母親のまわりで活発に動き回るが、このころはまだ自分で体温の維持ができないため、母親はときどき雛を呼び集め、お腹の羽毛で雛たちを包み込んで温めてやる抱雛を行う。雛は、暖かい羽に包まれてしばらく眠り、母親が立ち上がるといっせいに外へ飛び出して、餌を探してまた歩き回る。かわいらしい雛と雌親の子育てを間近にみられるのは、七月中旬の梅雨明けのころである。

孵化後の数日間は、生まれたなわばりの中かその近くで生活しているが、一週間を過ぎて雛の移動能力がつくと、家族が動き回る範囲は広がる。家族は、なわばりと関係なく自由に動き回るようになり、雛の成長とともに生まれた場所から離れてゆく。一か月後には、九〇〇メートル移動する家族もみられるようになる。

家族が最初に過ごす場所は、風衝地である。雪解けが早く花が早くから咲き、餌となる花や、花につく昆虫も得やすいからだろう。植物がまばらに生えているので、体の小さな雛も動き回りやすい。八月に入るころには雪田でも雪解けが進み、花が咲きはじめる。すると、家族は風衝地から雪田へと生活の場を変えてゆく。広い雪田には、数家族が集まってくるが、たがいに避けあっていて、家族同士が合流することはない。

雌親が雛の世話をするのは、孵化から二か月半後の一〇月初めまでである。この間、雛は雌親に付き添い、雌親から多くのことを学ぶ。食べられる餌の種類や餌の取り方にはじまり、捕食者からの回避、悪天候の場合の対処の仕方などである。雌親は、たえず声で雛とコミュニケーションを取っている。猛禽類などの捕食者を見つけると、〃クー・クー〃と低い警戒の声を出し、これを聞きつけた雛は急いでハイマツや草の中に身を伏せる。そして動きを止め、雌親の安全を告げる声を聞くまでは、じっとして動かない。

雄は、なぜ子育てを手伝わないのか

ライチョウのつがい関係は、先にも述べたように雛が孵化するまでで、雄は子育てをまったく手伝わない。それどころか、雄は雛が孵化すると、それまでのなわばり行動さえしなくなり、姿もほとんどみせなくなる。ハイマツの中で多くの時間を過ごし、先に明らかにしたように、雌より先に本格的な秋羽の換羽に入る。雛が孵化すると、雄は家族を捨てるばかりか、それまで守ってきた家さえも捨ててしまうのである。何ともさびしいつがい関係と家族関係だが、この点がライチョウの繁殖にみられる大きな特徴である。

その一方で、雛が孵化し、子育てが行われる時期になっても、雌雄二羽で行動しているつがいがいる。このようなつがいは、抱卵中に卵を捕食され、繁殖に失敗したつがいである。夏の短い高山では、抱卵中に卵を失うと、新たに卵を産んで繁殖することができない。中には、九月になってもまだつがいで行動していることもある。このことから、ライチョウの雄は孵化に成功することで、つがい関係を自主的に解消していることがわかる。しかし、多くの鳥では、つがい関係を解消するのは、雛を無事に育ててあげてからだ。では、なぜライチョウの雄は、それほど早くつがい関係を解消するのだろうか？

私は、その理由は、雄が雛の世話を何もできないからだと考えている。雛は、孵化した翌日から巣を離れ、自分で餌をとる。雛のときから草食性なので、自分で餌をとることができるのだ。親鳥は多くの鳥が行っているように、雛に昆虫などの餌を運んで与えることはしない。だから、雌親のみでも子育ては充分可能であり、雄の手助けは必要としていないのだろう。

また、高山帯という見通しがきく環境では、雄が家族といっしょにいると、かえって捕食者から目立ってしまう。捕食者にみつかれば、雄がいても雛を守ることは難しい。

抱卵中に繁殖に失敗したつがいの雌雄は、雛が孵化する7月になってもいっしょに行動している。

つまり、雄は何もできないので、雛が孵化するとつがい関係を解消し、家族のもとを去る。結局は、その方が自分の雛のためになる、ということなのだろう。

親から独立後、若鳥が分散

雛が親から独立する九月末から一〇月初めごろになると、雛だけで行動する個体や、繁殖に失敗した個体の群れに加わり、いっしょに行動する雛をみかけるようになる。親からの独立は、成長の進んだ雛から順にみられる。一〇月末になってもまだ雌親と行動する雛がいる一方で、独立後、生まれた巣から一三〇〇メートルも移動する個体もいる。一一月から翌年三月までの冬の間は、越冬地に移動するため、親から独立した若鳥は生まれた場所からさらに離れてゆくことになる。

若鳥にとって秋の終わりから冬の期間は、生まれた場所から離れ、翌年の春に最初の繁殖場所に定着するまでの「分散」の期間である。この時期には、後に詳しく述べるように、繁殖地から離れた山岳でもライチョウが観察され、若鳥の分散が実際に冬にみられていることがわかる。

越冬地で過ごした後は、ふたたび繁殖地の高山帯にもどってくるが、繁殖を開始する場所は、若鳥の雄と雌とでは大きなちがいがみられた。生まれた巣から、翌年に定着したなわばりまでの直線距離（分散距離）をとると、雄は平均五七二メートルだったのに対し、雌は平均一五二一メートルと、雄より約三倍も遠くに分散することがわかった。雄は生まれた場所からほぼ一キロメートル以内だが、雌の場合は二キロメートル以内と、より遠くに分散していたのである。生まれた場所から最も遠くに分散した個体はやはり雌で、約三キロメートル離れた場所に定着した。

鳥では雌がより遠くに分散

鳥は一般的に、雌の方が生まれた場所から遠くに分散し、雄は生まれた場所に留まる傾向が強い。佐渡で放鳥したトキのうち、佐渡から出て本州に移動したのがすべて雌だったことは、トキも同様の傾向を持つことを端的に示している。白山に七〇年ぶりに飛来したライチョウも雌であった。この雌は後にふれるように、遺伝子解析の結果から北アルプス生まれの個体で、秋の終わりから翌年の春先にかけて、途中の山をつぎつぎに経由しながら、白山にたどり着いた個体と考えられる。さらに、二〇一二年の一二月には、御嶽山から白山のある西の方向に一八キロメートル離れた御前山の標高一四九〇メートルの尾根で、ライチョウが発見された（一七〇ページ参照）。岐阜県在住の古橋克さんによって撮影された写真から、この個体も雌であることがわかった。この例は、北アルプスだけでなく、御獄山からも白山の方向に分散を試みている個体がいることを示唆している。

どちらかの性が、生まれた場所からより遠くに分散する傾向は、動物一般で広くみられる。生まれた場所に両方が留まると、近親交配が起こり、劣勢ホモの子供が生まれる確率が高くなるからである。そうなると子供の死亡率が高く、奇形の子供が生まれてくる危険がある。そのため、鳥では雄が生まれた場所の近くに留まり、雌が遠くに分散するが、哺乳類ではその逆である。雌が生まれた場所に留まり、雄が遠くに分散するのである。ただし、哺乳類の中では人が例外で、「嫁に行く」という形で生まれた場所から離れるのは女性であり、男性は家や土地を親から継いで、生まれた場所に留まる傾向にある。

このように、どちらかの性がより遠くに分散することは、人を含めた動物一般に共通した、動物社会の大原則となっている。

毎年ほぼ同じ場所で繁殖

ライチョウの若鳥は、生まれた翌年の春には繁殖場所を決め、繁殖に入る。雄も雌も、一歳で繁殖が可能なのである。それ以後は雄も雌も、ほぼ一生を通して同じ場所で繁殖する傾向が強いことが、乗鞍岳での標識調査からわかってきた。この傾向は、鳥一般にみられる傾向でもある。

もっとも長生きした雄は、二〇〇一年の九月に標識された雄で、一一歳まで生きたが、このうち確認された一〇年間は、ほぼ同じ場所のなわばりで繁殖した。この雄を筆頭に、ほかの長生きした雄もまた、同じなわばりで繁殖する傾向が強く、移動したとしても隣のなわばりに移動した程度で、通常五〇〇メートルを超えるなわばりの移動はみられなかった。

一〇年以上にわたる乗鞍でのなわばり分布調査から、なわばりは個体が変わっても、ほぼ同じ場所に形成される傾向にあることがみえてきた。繁殖に適したなわばりは、人間の宅地のようにほぼ場所が決まっていて、個体が変わっても同じ場所が引き継がれて使われているのである。

つがい関係はいつまで続くか

繁殖した成鳥は翌春、雄も雌も前年に繁殖した場所にもどり、また同じ個体同士でつがいになることが多い。相手を変える場合は、そのほとんどが、前年の相手が死亡した場合であることがわかった。乗鞍岳での調査から、年間の生存率（繁殖した個体のうち、翌年の繁殖期まで生存した個体の割合）は、雄では六四・八%、雌では六〇・六%だった。そのため、つがいの雌雄がともに生き残る確率は、三九・三%（〇・六四八×〇・六〇六）となり、約四〇%に過ぎない。同じ雌雄が最も長くつがいになった例は、八年間だった。この雌雄は特別に寿命が長く、雄が一一歳、雌が九歳まで生き、八年間にわたりつがいとなって、同じなわばりで繁殖した。このようなことが起こる確率は〇・三九三の八乗となるので、〇・〇六%に過ぎず、きわめて稀なケースである。逆に、雄が同じなわばりで七年間繁殖し、うち六回は相手が変わっているケースもある。いずれの場合も、つがった相手が死亡したためである。

これらのことは、ライチョウのつがい関係は、雛が孵化すると毎年解消されるが、翌年まで相手がともに生きていた場合には、同じつがい関係が維持され、ほぼ同じ場所でまた繁殖することを意味している。つがい関係の継続には、繁殖の成否が関係する鳥もあるが、ライチョウの場合には、関係はみられなかった。ライチョウの雄は、自分の子供が無事に育ったかどうかさえ、知らないのかもしれない。

ライチョウの社会

ライチョウの雌は、巣づくりから、産卵、抱卵、育雛と、子育てに関することをすべてやってくれる。しかし、だからといって雄は、つぎつぎに雌を得て交尾のみの関係を持つことで、より多くの子供を残すという繁殖の仕方はしない。同じライチョウの仲間のソウゲンライチョウは、「レック」と呼ばれる繁殖の仕方をする。雄は繁殖期になるとアレーナと呼ばれる特別な場所に集まり、集団で求愛のダンスを長期間にわたり行う。雌は、そのアレーナを訪れて雄と交尾し、その後は自分ひとりで子育てを行うのである。雄はやはり子育てを行わないが、日本のライチョウの場合は、このような繁殖方法はとれない。なぜなら、夏が短い高山では、雪が降るまでに雛を一人前に育てる必要があり、交尾ができる期間が限られるためである。だから日本のライチョウの雄は、限られた交尾期間に確実に一羽の雌を得て、抱卵中の雌の餌場を確保し、雌がほかの雄に邪魔されずに安全に抱卵ができるように、なわばりを守ると考えられる。高山では、比較的安定した環境が毎年維持されており、年による環境の変化が少ない。雄は繁殖に適した場所になわばりを確立することで、雌を引きつけ、一夫一妻のつがいとなる婚姻形態をとっているのだろう。

高山では、なわばりがつくられる環境が限られ、繁殖できる場所はほぼ決まっている。そのため、毎年同じ場所になわばりが形成される傾向にあり、雌雄ともに生き残った場合には、同じ相手と同じ場所で繁殖する傾向が強いのだろう。しかし、相手の雄が死亡した場合には、その場所を若い雄が引き継ぎ、雌が死亡した場合には相手を失ったなわばり雄と若い雌がつがいになる。こうしてライチョウの繁殖集団は、死亡した個体のなわばりとつがい相手が、若い個体によってリクルートされていくのである。ライチョウの社会は、毎年の若鳥の分散を通し、成鳥の死亡が穴埋めされ、繁殖集団が再編成されているとみることができる。

ライチョウの社会は、交尾期から雛が孵化するまで、雄のなわばりが存在するが、それ以後、翌年の繁殖期までは、なわばりがない。この間、ライチョウは単独で行動するか、さまざまな形の群れをつくって過ごす。しかし、決して大きな群れをつくるわけではない。見通しのきく高山帯では、大きな群れは目立つ。保護色で目立たなくすることぐらいしか、天敵から身を守る手段を持っていないライチョウは、小さな群れでいた方が安全なのだろう。

群れでの生活は、季節とともに変化する。雛が孵化し、なわばり行動をやめた雄は、夏の間、単独または近くの雄と集まって過ごす。九月に入ると、繁殖に失敗した雌が加わり、一〇月にはさらにその群れに独立した若鳥や子育てを終えた雌も加わって、年間で最も大きな群れができる。その後は、雄と雌に分かれ、冬期間はそれぞれ単独か小さな群れで過ごす。ライチョウのこれらの群れは、メンバー構成が時期により、また一日の中でも変化するゆるやかな群れであるのが特徴だ。

しかし、ゆるやかな群れといっても、群れの中ではたえず争いがみられる。夏の間、目立たずに行動していた雄は、秋の一〇月ごろから、それまで中断していたなわばり行動を再開する。雄にとって、秋はつぎの年の繁殖に向けての準備時期である。秋の群れでは雄同士の争いが多くみられ、親から独立して秋の群れに加わった若鳥雄は、この争いを通して、生まれた場所からの分散が促されるのだろう。一方、雌同志の争いは少ないが、若鳥の雌も、この秋の群れ行動に加わった後に、分散を開始している。

秋の群れが縮小する一一月の初めには、親鳥もその年生まれの若鳥も、一目で雌雄が区別できる冬の姿に変わる。秋羽は雌雄ともにくすんだよく似た色なのに、冬羽は雌雄の区別が明確になるのは、なぜなのだろうか。

春の繁殖期になわばりを確立する雄にとって、雄同士の強さを競う争いはすでにはじまっており、冬の時期から自分が雄であることをはっきり示しておくことが、なわばりの確立に有利になるためと考えられる。一方、なわばりを持たない雌にとっては、自分が雌であることをはっきりさせた方が、冬から春先の求愛の時期を通し、雄から攻撃されることなく、つがいをつくりやすくなると考えられる。冬期に雌雄の区別が一目でわかるのは、雌雄が別々に分かれて冬を過ごす習性とともに、ライチョウの社会の産物とみることができるだろう。

10章 日本列島での進化と絶滅の歴史

遺伝子解析に挑む

私がライチョウ調査を再開するにあたり、ぜひ調べたいと思っていたことのひとつに、遺伝子解析がある。遺伝子を解析することで、氷河期に日本列島に移りすんだライチョウが氷河期の終焉とともに高山に逃れ、世界の最南端で今日まで生き続けてきた歴史を解明したいと考えていた。現在は、本州中部の高山にしか生息していないが、火打山・焼山、北アルプス、乗鞍岳、御嶽山、南アルプスといった山岳集団ごとに、一体どの程度遺伝的な分化が進んでいるのだろうか。また、各山岳集団同士で、個体の交流はあるのだろうか。

これらの問題を解明するには、各山岳に生息するライチョウを捕獲して血液を採集し、個体ごとに遺伝子を解析する方法がある。二〇〇一年から、過去に調査した主な山を抽出し、なわばり分布調査を再開していた。そこで二〇〇三年より、なわばり分布調査で訪れたさいにライチョウを捕獲し、血液の採集をはじめた。採集する血液の量は、〇・一ミリリットルほどとごく少量なので、ライチョウへの影響はほとんどない。ライチョウの生息する主な山すべてから血液を採集するのに九年かかり、二〇一一年までに計二四〇個体から血液を採集することができた。

ミトコンドリアＤＮＡの解析

信州大学には、上田市にある繊維学部に遺伝子実験施設がある。採集した血液は、研究室の学生や院生が卒論研究や修士論文のテーマとして分析を担当することになった。最初に分析したのは、ミトコンドリアＤＮＡのコントロール領域と呼ばれる部分の遺伝子である。この領域は、遺伝的な多様性が多くみられる部分で、多くの動物で系統の分化を調べるのに使われている。この分析に最初に取り組んだのは、当時研究室の修士課程に在籍していた所洋一君だった。すでに九州大学の馬場さんがライチョウのミトコンドリアＤＮＡの解析をはじめていたので、彼から分析方法を指導していただき、二〇〇五年から分析を開始した。所君の後、分析は当時三年生だった森口千英子さん、さらに熊野彩さんへと引き継がれていった。

六年間にわたる分析でわかったことを一三六ページの図に示した。この図の丸はハプロタイプを示している。ハプロタイプとは、遺伝子であるＤＮＡに含まれる四種類の塩基（ＡＴＣＧ）配列のパターンのことで、線でつながれたハプロタイプの間には、１塩基のちがいがあることを意味している。ロシアのホルダーさんや馬場さんの先行研究によって、ニホンライチョウと最も似た塩基配列をもつのはロシア極東のライチョウで、そのうち二か所の塩基配列が突然変異によって変わってしまったものが、日本に入ってきたことが明らかにされている。ロシア極東のライチョウに一番近い日本のライチョウは、ＬｍＡｋ１であることから、このハプロタイプが日本に移住してきたライチョウの祖先集団であることがわかった。

馬場さんらの先行研究により、日本のライチョウにはＬｍＡｋ１、ＬｍＡｋ２、ＬｍＨｉ１の三つのハプロタイプが見出された。その後、私の研究室で集めた血液の分析から、ＬｍＨｕ、ＬｍＨｉ２、ＬｍＨｉ３の三つが新たに見出され、日本のライチョウは計六つのハプロタイプの系統があることがわかった。それらの関係は、祖先集団のＬｍＡｋ１からＬｍＡｋ２、ＬｍＨｉ１、ＬｍＨｕの三つが派生し、さらにそのうちのＬｍＨｉ１から、ＬｍＨｉ２とＬｍＨｉ３が派生して誕生したものである。

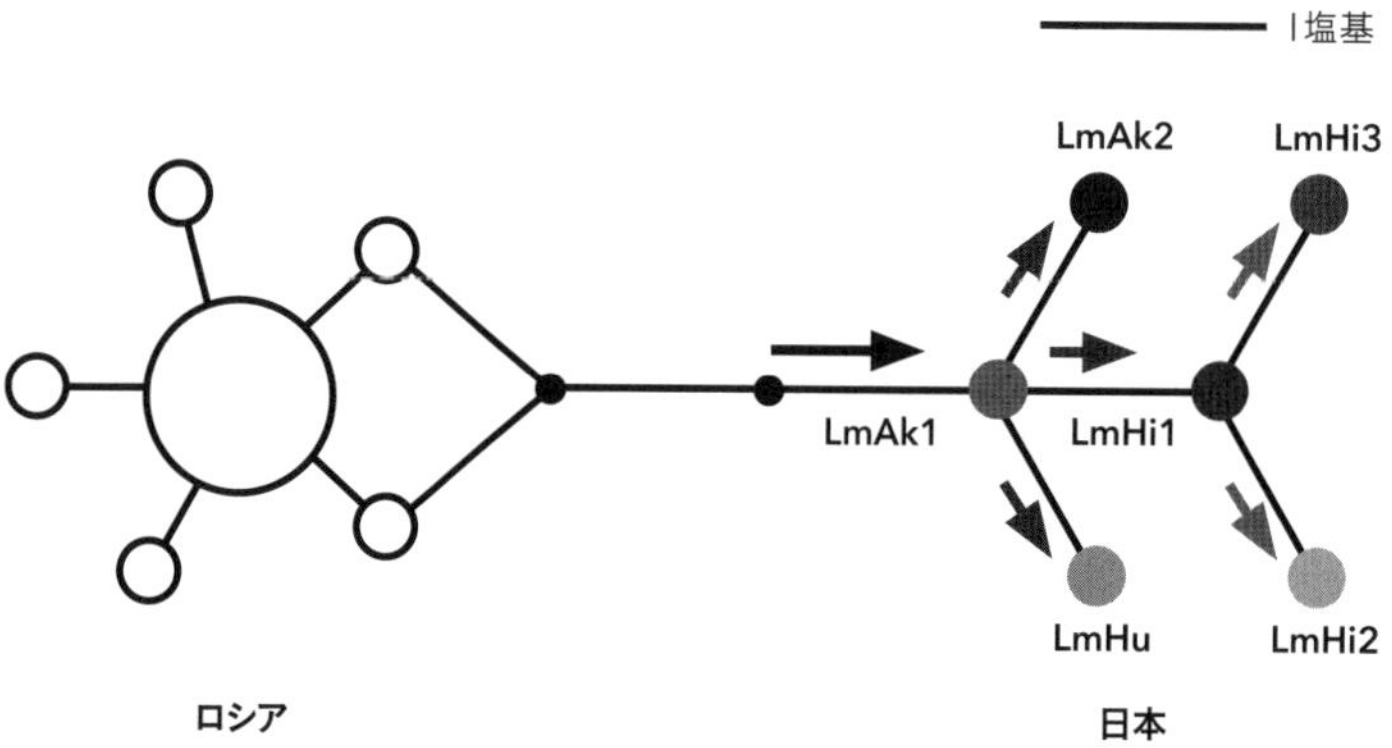

ロシアと日本のライチョウの遺伝的関係。図中の丸は、ハプロタイプと呼ばれる系統を示し、隣のものとは1塩基のちがいでつながっていることを示している。日本に最初に入ってきた系統がLmAk1で、その後5つの系統に分化し、現在日本には6つの系統が存在する。1塩基の置換に 約1万年かかることから、日本のライチョウは約6万年前にロシアの集団から分かれ、2〜3万年前に日本列島に入ってきたと推定される。

ライチョウのミトコンドリアＤＮＡでは、突然変異によりひとつの塩基が別の塩基に置き換わる塩基置換が起きるには、約一万年かかると考えられている。日本のライチョウでは、祖先集団のＬｍＡｋ１からＬｍＨｉ１、さらにＬｍＨｉ１からＬｍＨｉ２（またはＬｍＨｉ３）と、二回塩基置換が起きているので、約二万年前の最終氷期に大陸から移住してきたと考えられる。また、日本のライチョウは、ロシア極東の祖先集団とは六塩基のちがいがあるので、六万年前に分岐していると考えられる。

では、現在この六つのハプロタイプは、それぞれどこの山に分布しているのだろうか。日本に最初に入ってきた祖先集団のＬｍＡｋ１は、計九二個体確認され、火打山から北アルプス、乗鞍岳、南アルプスと広くみられる。みられていないのは、御嶽山のみである。このことは、最終氷期に日本列島に入ってきた祖先集団は、本州中部の山岳にかつて広く分布していたことを示唆している。しかし、九二個体のうち大半の六九個体は、南アルプスでみつかっている。南アルプスでは、分析した計七〇個体のうち一個体が、ＬｍＡｋ１から分岐したＬｍＡｋ２であったほかは、すべてこの古い系統の個体で、現在古い系統の集団は、南アルプスにまとまって残っていることがわかった。

それに対し、北アルプスとその周辺の火打山、乗鞍岳、御嶽山では、古い系統のＬｍＡｋ１から分岐したＬｍＨｉ１が多数を占めていたが、南アルプスではこの新しいハプロタイプはまったくみつかっていない。このほかには、ＬｍＡｋ１から分岐したＬｍＨｕが二個体、火打山で見つかっている。また、ＬｍＨｉ１から分岐したＬｍＨｉ２とＬｍＨｉ３がそれぞれ一個体ずつ、北アルプスの白馬岳でみつかっている。

これらの結果は、何を意味しているのだろうか。まず言えることは、南アルプスの集団と、北アルプスおよびその周辺の火打山・焼山、乗鞍岳、御嶽山の集団とは、個体の交流がまったく断たれた別集団であることである。同様に、わずか二一・六キロメートルしか離れていない御嶽山と乗鞍岳の間でも、個体の交流はほとんどないと考えられる。個体の交流があれば、御嶽山にも乗鞍岳と同じＬｍＡｋ１がみられるはずだからである。御嶽山にこの古い系統がまったくみられないということは、かつては御嶽山にも古い系統が存在したが、火山活動など何らかの理由で絶滅し、その後北アルプスで誕生した新しい系統のＬｍＨｉ１が、北から乗鞍岳を経由して入ってきたものと考えられる。

ＬｍＨｕは、なぜ火打山にしかみられないのだろうか。火打山・焼山の集団は、日本で最小の集団である。新しいハプロタイプは突然変異により生じると考えられるので、この小集団で誕生したとは考えにくい。現在よりも寒い時代には、頸城山塊全体に多数のライチョウが生息しており、さらに現在は生息していない隣の三国山脈から東北の高山にも、多数のライチョウが生息していたと考えられる。その時代にこの地域で誕生したハプロタイプが、現在火打山・焼山に残っているものと私は考えている。

遺伝的多様性

以上のミトコンドリアＤＮＡのハプロタイプ分析結果から、各集団の遺伝的な多様性をみてみよう。遺伝的多様性は、〇から一の間の値をとる。調査した個体がすべて異なるハプロタイプだった場合、遺伝的多様性は一・〇となる。御嶽山では、調査した一八個体すべてが同じハプロタイプだったので、御嶽山集団の遺伝的多様性は〇である。南アルプス全体では、七〇個体のうち一個体以外はすべて古いハプロタイプだったので、遺伝的多様性は〇・〇三で、同様に極めて低いことがわかる。

遺伝的多様性が最も高かったのは、日本で最も小さな繁殖集団である火打山・焼山の集団で、〇・四三だった。つぎに高かったのは北アルプス北部の白馬岳で〇・三六、以下乗鞍岳の〇・三二、北アルプス南部常念岳周辺の〇・二四と続く。日本全体の多様性は、〇・五一だった。外国での同様の調査では、日本のライチョウの祖先と考えられるロシア極東のマガダンのライチョウで〇・一五、アラスカのライチョウで〇・一三と、いずれも日本より低かった。日本のライチョウは氷河期以来、山岳ごとの隔離と個体の交流を通して、遺伝的な多様性が高まったと考えられるが、御嶽山や南アルプスの集団のように、多様性の極めて低い集団もあることがわかった。

マイクロサテライトDNAの解析

二〇〇四年からは、核内の遺伝子であるマイクロサテライトDNAの解析も並行して進めることになった。マイクロサテライトDNAとは、核内の染色体にある遺伝子である。この分析を最初に行ったのは、研究室の四方田紀恵さんだった。国立科学博物館の西海功さんの指導を受けて分析方法を学んだ彼女は、研究室で集めたライチョウの血液サンプルの分析を、信州大学繊維学部の遺伝子実験施設で卒論研究として行った。分析の結果、奇妙な点が明らかになった。火打山・焼山の集団は、地理的に近い北アルプスの集団と近い関係にあるだけでなく、地理的に最も遠い南アルプスの集団とも近い関係にあるというのである。それは一体、どういうことなのだろうか。この謎は、残りのサンプルの分析を終え、さらに血液サンプルが不足していた山岳の資料を加えた後の分析によって、解明することができた。

残りのサンプルを分析するチャンスは、四方田さんの分析から五年後に訪れた。環境省長野事務所からの資金援助をいただくことになったので、国立科学博物館の西海功さんに分析を依頼し、学生のときに分析を担当した四方田（現在島田）さんと私の研究室の修士課程を終えた笠原里恵さんを加え、三人で残りのサンプルを分析していただくことになった。

分析は、マイクロサテライトＤＮＡの五つの遺伝子座について行った。遺伝子座とは、染色体上におけるそれぞれの遺伝子が占める位置のことである。五つの遺伝子座には、それぞれ一一、一〇、九、三、二個の突然変異などで生じた変異体（対立遺伝子alleles）が見出された。各山岳集団から得られた対立遺伝子の結果をもとに、各集団が遺伝的に近いか遠いかを示す系統樹を作成した。その結果、日本のライチョウは、①北アルプスとその南に位置する乗鞍岳、御嶽山を含めた集団、②南アルプスの集団、③火打山・焼山の集団の計三つに大きく分かれることがわかった。また、地理的には最も北に位置し、日本最小の繁殖集団である③の火打山・焼山の集団は、独立した集団であるだけでなく、遺伝的には①の北アルプスと②の南アルプスの中間に位置し、両集団をつなぐ祖先集団であることもわかった。この結果は、四方田さんが最初に明らかにした、火打山の集団は南アルプスの集団とも近い関係にある、という結論と一致するものだった。

ではなぜ、火打山・焼山の集団が、北アルプスと南アルプスの中間に位置する祖先集団なのだろうか。また、最も南に位置する南アルプスの集団は、より距離的に近い御嶽山、乗鞍岳、さらには北アルプスの集団よりも、なぜ最も北の火打山・焼山の集団により近いのだろうか。この答えは、日本のライチョウが氷河期の終焉とともに、北に退いていった歴史から説明できることに気づいた。

最終氷期に、大陸から日本列島に移住してきた日本のライチョウは、北海道、東北地方を通って本州中部に入ってきた。したがって、かつて存在していた東北地方の集団が、現在の本州中部の集団の祖先と考えられる。その祖先集団の一部が、その後火打山・焼山のある頸城山塊を通り、北アルプスを経由して乗鞍岳、さらにその南の御嶽山にたどり着いた。また、その一部はさらに北アルプスから、その西にある白山まで分布を広げたが、それより西には高い山がないため、白山がライチョウ分布の最も西の山岳となった。この北回りで本州中部に入ってきた集団とは別に、東北地方から飯豊山地、三国山地を通り、八ヶ岳を経由して南アルプスにたどり着いた、東回りの集団もあったと考えられる。この集団は、南アルプス南部の聖岳から光岳までたどり着いたが、それ以上南には高い山がなかったので、光岳が日本の（そして世界の）ライチョウ分布の最南端となった。

これらの北回りと東回りで本州中部に入ってきたライチョウは、先にふれたミトコンドリアDNAの分析結果から、LmAk1という最も古いハプロタイプで、この系統が本州中部の現在より標高の低い地域に多数生息していたものと考えられる。

では、最終氷期が終わって温暖となったとき、日本のライチョウにどのような変化がみられたのだろうか。温暖化とともに、一部は本州中部の高山に逃れることで、今日まで絶滅せずに生き残ることができた。それに対し、ほかの一部はもと来た北の方向に退いていった。その過程で、北アルプスで分化した集団と南アルプスの集団が、頸城山塊から飯豊山地、さらに東北地方で交じり合うことになったと考えられる。しかし、高い山が存在しなかった東北地方、さらには北海道の高山のライチョウは、現在より年平均気温が一度から二度高かった約六〇〇〇年前に、広い地域で絶滅してしまった。その、かつて東北にあった交雑集団の末裔が、火打山・焼山で今日まで絶滅せずに生き残ったのだろう。つまり、火打山・焼山の集団が遺伝的に北アルプスと南アルプス両集団の中間に位置するのは、その交雑集団の生き残りであるためと考えられるのだ。また、火打山・焼山の集団は、現在最も小さな集団であるにもかかわらず、遺伝的多様性がほかの集団にくらべて決して低くないのは、かつて存在したであろう、東北の大きな祖先集団の系統を引いているためと考えられる。

五つの遺伝子座の対立遺伝子の結果をもとに、各山岳集団の遺伝的多様性を見ると、南アルプスでは〇・四五、御嶽山では〇・四九と低いが、北アルプスとその周辺では〇・五一から〇・五三とやや高い傾向にあった。これを外国のライチョウの数字と比較すると、ピレネーでは〇・六四、ノルウエーでは〇・八三、ヨーロッパアルプスの五地域では〇・八五から〇・八七で、いずれも日本のライチョウよりも遺伝的多様性が高く、ピレネーをのぞいてはっきりしたちがいがあることがわかった。この結果は、先のミトコンドリアDNAの結果と同じ傾向にあり、日本のライチョウの遺伝的多様性は、北方のツンドラで繁殖する集団よりは高いものの、外国の高山に生息するライチョウにくらべると低いことが、マイクロサテライトＤＮＡの分析からも明らかになった。

遺伝子解析の結果が意味すること

ミトコンドリアＤＮＡとマイクロサテライトＤＮＡの解析から、日本のライチョウは山岳集団ごとに分化しており、大きく三つの集団に分かれていることがわかった。古い系統が残る南アルプスの集団と、古い系統から分化した新しい系統が優先する北アルプス、乗鞍岳、御嶽山の集団、さらに、かつて頸城山塊から東北にかけて存在していた祖先集団の生き残りと考えられる火打山・焼山の集団、の三つである。また、乗鞍岳と御嶽山の集団の間でも分化が進んでいるので、それを考慮すると五つの集団に分かれることがわかった。

最終氷期にライチョウが日本列島へ分布拡大したことと、その後の後退を考えると、すでに絶滅した八ヶ岳の集団は、遺伝的には現在の南アルプスの集団に最も近い塩基配列を持っていたと考えられる。南アルプスの集団は、氷河期には八ヶ岳を経由して南アルプスにたどり着き、その一部は氷河期の終焉とともに八ヶ岳を経由して、北に退いたと考えられるからである。では、同様にすでに絶滅した中央アルプスの集団は、南アルプスから入ったものなのだろうか、それとも北アルプスから南下し、乗鞍岳と御嶽山を経由して入ってきたものなのだろうか。距離的には、中央アルプスの駒ヶ岳は御嶽山から三二キロメートル、南アルプスの仙丈ヶ岳から三九キロメートルの位置にあるが、それぞれの間には木曽谷と伊那盆地がある。あるいは、両集団から移りすんだ個体で構成されていた可能性もある。もし中央アルプスで採集されたライチョウの剥製標本が残っていれば、そこから遺伝子を抽出し、解析することが可能である。しかし、そのような剥製標本はみつかっていないので、どちらの集団に由来したのかは、残念ながら不明である。絶滅している八ヶ岳、中央アルプスの集団が、どのような遺伝子組成の集団であったかという問題は、将来これらの山岳に繁殖集団を復活させる場合、どの集団からの個体を導入すべきかを検討するさいに、重要な意味を持つことになる。

11章 日本最小の集団の謎

日本最小の集団が維持されている火打山・焼山

遺伝子の解析から、最終氷期に日本列島に移りすんだ日本のライチョウが、山岳集団ごとに隔離され、分化してきた歴史を垣間見ることができた。その歴史を通してみえてきたのは、氷河期以来、日本のライチョウはたえず絶滅を繰り返しながら、高い山のある本州中部の高山帯で、かろうじて生き残ってきたという事実である。最近絶滅した中央アルプスや白山のライチョウ、さらにはそれ以前に絶滅した八ヶ岳のライチョウを考えると、絶滅はいまも進行中であり、分布周辺の山岳から起こっていることがわかる。では、絶滅はどのように起こるのだろうか。日本のライチョウの将来を考えたとき、そのプロセスやメカニズムを明らかにすることは、この鳥の保護に役立つにちがいない。

この章では、分布周辺に位置し、日本最小の集団である火打山・焼山のライチョウについて、その研究の歴史からみていくことにしたい。

日本でライチョウが繁殖する最も北の山は、先にもふれたように新潟県の火打山である。この山にライチョウが繁殖することが知られるようになったのは、そんなに古いことではない。一九五二年、当時高田営林署の丸山茂さんが発見したのが最初といわれている。その五年後の一九五七年、当時高校生だった山岸哲さんが、雛を連れた家族を発見し、「野鳥」誌に発表している。それまで、日本で最も北の繁殖地は北アルプス北部の朝日岳とされていたが、これらの発見により、新潟県の火打山であることがわかったのである。

最初の発見から一五年後の一九六七年、当時信州大学の羽田先生らが繁殖期のなわばり分布を調査し、計七つのなわばりを確認して、計一八羽が生息すると推定した。その後、一九六九年に隣の焼山でも繁殖が確認されたが、一九七四年に焼山が噴火。翌年に新潟県の野鳥愛護会が調査を行い、焼山では繁殖がみられなくなったが、火打山では計九つのなわばりと二三羽の生息を確認した。また、この年には焼山の隣の金山でも調査が行われ、雛連れの一家族が確認された。これらのことから、火打山一帯には計一〇なわばり、二五羽が生息することがわかった。

一九八四年には、羽田先生らによるライチョウが生息する全山の調査が終了。その結

黒姫山からみた冬の頸城山塊北部の山岳。

果、日本に生息するライチョウの数は約三〇〇〇羽と推定され、火打山一帯のライチョウ集団は、日本で最も小さな繁殖集団であることが明らかになったのである。

なぜ、絶滅せずに存続しているのか

焼山の噴火から三〇年後の二〇〇四年、私の研究室で火打山のライチョウ調査を実施し、八つのなわばりを確認して、計二一羽が生息すると推定した。一九六七年の調査では七つのなわばりで計一八羽、一九七五年の調査では九なわばりで計二三羽だったので、火打山での繁殖数は三七年間にわたり、ほぼ同じ数という結果になった。

これは考えてみると、じつに不思議である。隣の焼山と合わせても三〇羽にも満たない小集団が、なぜ発見から五〇年以上たっても絶滅せず、ほぼ同じ数で存続することができるのだろうか。これには、何か特別な理由があるにちがいない。

考えついたことは、この山の位置関係である。火打山は、北アルプスの北東約二一キロメートルに位置する頸城山塊の一番北にある山だ。標高一九〇〇メートル以上の計九個の山からなる頸城山塊では、これまでに飯綱山、高妻山、黒姫山、妙高山、雨飾山でもライチョウの生息が確認されている。このうち、飯綱山は火打山から最も遠い頸城山塊の最も南に位置する山である。二〇一三年一月一三日には、この飯綱山で長野市在住の青嶋直樹さんにより、三八年ぶりにライチョウの雌一羽が確認され、写真撮影された。しかし、これらの山での確認は、すべてが秋から春先の繁殖期以外の時期だった。したがって、日本で最も大きな繁殖集団である北アルプスの集団と、頸城山塊の小集団との間には個体の交流があり、北アルプスから頸城山塊に移動してくる個体があるのではないか、と考えられる。

ライチョウの移動能力

では、ライチョウの移動能力は一体どれぐらいなのだろうか。北アルプスと頸城山塊とは、最も近い北アルプスの風吹山と雨飾山との直線距離が一四・七キロメートルある。はたしてライチョウは、この距離を移動可能なのだろうか。この問題を考える上で参考になるのが、ライチョウが絶滅した八ヶ岳で、一九六八年五月に雌雄二羽が一時的に確認された事例である。この二羽は、最も近い南アルプス北部の山岳から移動してきたと考えられる。南アルプスと八ヶ岳の最短距離は二二・二キロメートル。間に高い山がないので、この距離を一気に飛ぶことができなければ、移動は不可能だ。それに対し、中央アルプスではライチョウが絶滅してから四〇年以上経過しているが、この間、ライチョウが確認されたことはない。最も近い繁殖地である御嶽山や南アルプスとの最短距離は、

火打山山頂からみた北アルプス。手前が焼山、金山、雨飾山などの頸城山塊の山々。
その奥が北アルプス北部の山々。

それぞれ二九・六キロメートル、三二・九キロメートルなので、ライチョウにとって三〇キロメートルの距離を移動するのは、容易でないことがわかる。これまでに確認されているライチョウの最長移動距離は、南アルプスから八ヶ岳への移動と考えられるので、二一・二キロメートルが最長距離と考えてよいだろう。そうすると、北アルプスと頸城山塊の最短距離一四・七キロメートルは、ライチョウにとって充分移動可能な距離といえる。頸城山塊に移動してきた個体にとって、頸城山塊の九つの山は、最も離れているのが黒姫山と妙高山との間の八・七キロメートルなので、いずれの山も移動可能な距離内にあるのである。

吹きだまり説

ライチョウは、北アルプスと頸城山塊とを移動でき、頸城山塊内のいずれの山へも飛んでいけることがわかった。しかし、頸城山塊に移動してきた個体にとってつぎの問題は、繁殖できる高山環境が、北の端に位置する火打山とその隣の焼山にしかないことである。そのため、北アルプスから移動してきた個体は、繁殖時期になるとこれらの山に集まってくるものと考えられる。しかし、ライチョウはなわばりをつくって繁殖するので、なわばりが空いていれば繁殖できるが、空いていない場合は繁殖できない。つまり、火打山と焼山は、北アルプスから頸城山塊に移動してきた個体の吹きだまる場所で、そこで繁殖できる数は限られるため、わずかの繁殖集団が安定的に保たれる、という「吹きだまり説」を論文として発表した。

標識による火打山のライチョウ調査

しかし、この仮説は、はたして本当なのだろうか。二〇〇七年の秋から、火打山のライチョウを捕獲し、足環を付けての個体識別調査を開始した。この調査からまずわかったことは、火打山とその隣の焼山とは、たえず個体の交流があるということである。わずか二・三キロメートルしか離れていないので、当然ともいえるが、距離以外にも理由があるようだ。活火山である焼山は、いまも噴煙が出ている歴史の新しい火山である。それに対し、火打山は歴史の古い火山である。そのため、この二つの山は、地形と植生が大きく異なっている。火打山はなだらかな山容で、頂上部まで植生でおおわれているが、焼山の山頂部は険しい岩場や砂礫地となっていて、植生が乏しい。火打山の山頂部や尾根筋には、背の高いハイマツがおおっているが、焼山にはハイマツがごくわずかに、まばらに生えているのみである。しかし、火打山には餌として重要なコケモモ、シラタマノキといった矮性常緑低木の生えた風衝地は限られた場所にしかない。それに対し、焼山はライチョウの生息可能な面積が火打山の三分の一しかないが、山頂部の下には矮性常緑低木の豊富な場所が一部に存在する。そのため、ライチョウは生活場所や餌内容の季節変化に合わせて、両山を行き来していると考えられる。

実際に最近の調査から、火打山で生まれた雛は、親から独立する一〇月に焼山の岩場のある一角に移動し、親から独立した雛や繁殖した成鳥とともに、群れをつくっていることがわかった。岩場は、ライチョウにとって安全な場所である。ライチョウを捕獲しようとすると、岩場に逃げられ、捕獲に苦労することがよくある。なだらかな山容をした火打山の高山帯には、大きな岩場がない。そのため、火打山で生まれた雛や家族は、雛が充分飛べるようになると、焼山の安全な岩場に移動し、秋の群れを形成するのだろう。

二〇〇八年から二〇一二年に火打山で確認されたなわばり数は、最も少ない年で一一、最も多い年でも一五で、以前の調査と同様に、なわばり数は現在も少ない数でほぼ安定していることがわかった。焼山での調査では、二〇〇八年に三なわばり、二〇一二年で四なわばりが確認された。一九七四年の噴火により、その後繁殖はいったんみられなくなったが、植生の回復とともに現在ではわずかながら、繁殖なわばり数が増えていることがわかった。高山帯の面積と植生から考えると、なわばりをつくれる数は、多くても火打山で一五、焼山で四と推定された。このほかに、焼山の隣にある金山でも繁殖確認

焼山の岩場で生活するライチョウの家族。この山の山頂には岩場が多くみられ、
年によっては10月に隣の火打山で巣立った若鳥も加わり、大きな群れが形成される。

例があるが、山頂まで亜高山植生でおおわれ、ライチョウが繁殖できる環境は現在ほとんどないため、ここでの繁殖は無理である。頸城山塊の火打山・焼山の繁殖集団は、一九六〇年代から一九七〇年代にくらべると、やや繁殖数は増えているものの、いまも日本最小の繁殖集団であることが最近の調査からも確認された。

なぜ、火打山のライチョウは雌の方が多いのか

標識調査からわかったもうひとつの興味深い点は、火打山・焼山の繁殖集団は、雄よりも雌の方が多いことである。一般的にはこの逆で、ライチョウは雌よりも雄の方がつねに多い。先にふれたように、乗鞍岳での標識調査でも雄の方が多かった。ではなぜ、火打山・焼山の繁殖集団だけは、雌が多いのだろうか。

その原因として考えられるのは、鳥では一般に、雌の方が雄よりも生まれた場所から遠くへ分散する傾向があることである。火打山・焼山の繁殖集団が、北アルプスから分散してくる個体によって維持されているとすれば、分散してくる個体は、雄よりも雌の方が多いと予想される。実際、繁殖がみられない頸城山塊の山で、秋の終わりから春先に観察されている個体は、性別がわかっている五例中、四例が雌だった。この例からも、遠くに分散するのは雌が多いという傾向がわかる。火打山・焼山の繁殖集団のみが雄よ

り雌が多いという事実は、私の「吹きだまり説」を支持すると思われる。しかし、この点については、足環による山岳間の移動確認も含め、さらに慎重に調査してゆくことにしたいと考えている。

火打山・焼山の繁殖集団では、雌の方が多いからといって、「アブレ雌」がみられるわけではなかった。ライチョウは、一夫一妻で繁殖するのが基本である。しかし、まれに一夫二妻がみつかることがある。乗鞍岳での標識によるくわしい調査でも、一夫二妻がみつかるのは、年に一例あるかないかである。ところが、火打山・焼山では、一夫二妻の例が高頻度でみられることがわかった。二〇〇八年の一三のなわばりのうち二例、二〇〇九年の一五なわばりのうち三例、二〇一〇年の一三なわばりのうち三例、二〇一一年の一三なわばりのうち三例が、一夫二妻だった。

なぜ、火打山では一夫二妻がこんなに多いのだろうか。その理由は、雌の方が多く、雌が余っているから、という単純なことではないようだ。というのも、一夫二妻がみられる年でも、つがいになれないアブレ雄が、多い年では六羽、少ない年でも一羽存在していたからである。

雌の方が多いにもかかわらず、アブレ雄がみられるのは、雌による雄のえり好みの結果と考えられる。火打山にできるなわばりの数は、先にのべたように最大でも一五だが、この中には、植生からみて比較的よいなわばりから、「こんな場所に?」と思えるものまで、なわばりの質に大きな差がある。その場合、質のよいなわばりを持つ雄から順に雌を得て、つがいとなってゆくと考えられる。質のよいなわばりを持つ雄がすべて雌を得てつがいとなった場合、遅れてつがいとなる雌は、質の悪いなわばり雄を選んで一夫一妻となるか、あるいはすでに雌がいる質のよいなわばりを持つ雄を選んで、一夫二妻となるか、どちらかの選択をせまられるだろう。その結果として、一夫二妻の雄がいる一方で、雌を得られない独身の雄も存在するのだと考えられる。これは、アメリカの鳥類学者オリアンズによって提唱された考えである。

では逆に、乗鞍岳など、ほかの山では一夫二妻がほとんどみられないのはなぜだろうか。その理由は、雄にくらべて雌の数が少ないこともあるが、繁殖可能な場所がまだ残されていて、火打山のようにほぼ満杯に近い状態ではないので、なわばりの質の差がそれほど大きくないためではないか、と私は考えている。

温暖化の影響が最も懸念される火打山の集団

火打山の集団は、日本で最も標高の低い場所で繁殖している集団でもある。南アルプス、御嶽山、乗鞍岳、北アルプス南部では、標高二四〇〇メートル以上の高山帯で繁殖しているが、北アルプスの北部では、北に行くにつれて低い場所で繁殖がみられ、最も北の火打山では、二二〇〇〜二四五〇メートルで繁殖している。このことも関係して、火打山・焼山のライチョウは、今後心配される点がいくつかあることに気づいた。

まず、火打山には、ライチョウの生息に適した高山環境がわずかしか残されていない点である。ハイマツが分布する下限線以上を高山帯とすると、標高二四六二メートルの火打山や二四四〇メートルの影火打には、ハイマツが山頂を中心に稜線や尾根の部分に生えているのみで、高山帯の面積はわずかだ。しかも、背の高いハイマツが多くを占め、ライチョウの営巣に適した背の低いハイマツはほとんど存在しない。

また、ライチョウの採食地として重要なガンコウラン、コケモモ、ミネズオウなどの生えた風衝地や雪田植生も、ごく一部にしか存在しない。山頂付近までミヤマハンノキの低木が上がっており、亜高山帯の植生が広くおおっているため、ライチョウのなわばりは、稜線や尾根に沿って一列に形成されるのみである。しかも、前述のように乗鞍岳などほかの山では、なわばりがつくられない悪い環境になわばりができ、繁殖している。頸城山塊には、北アルプスの母集団から分散してくる個体がいるが、繁殖できる場所が限られているため、定員オーバーの状態が生じているものと考えられる。

さらに、火打山のライチョウの繁殖地には、広くイネ科のタカネノガリヤスが生えている点も特徴である。タカネノガリヤスの根元には、コケモモやガンコウランがみられる場所があり、この場所がかつて、風衝地の常緑矮性低木群落だったことを示している。

また、雪田植生であるアオノツガザクラ群落の中に、イワイチョウが入り込んでいる。タカネノガリヤスやイワイチョウが風衝地や雪田植生へ侵入している事実は、温暖化の影響を端的に示すものだ。つまり火打山の集団は、日本の中で最も温暖化の影響を強く受けている集団なのである。

火打山でこれまでに発見された巣は計二一。そのうち、一〇はハイマツ群落につくられていたが、残りはハクサンシャクナゲやミヤマハンノキの根元、イネ科のタカネノガリヤスの枯草の中につくられていた。南アルプス、御嶽山、乗鞍岳、北アルプスの爺ヶ岳などほかの山岳では、ほとんどの巣が背の低いハイマツにつくられているので、ほぼ半数がハイマツ以外につくられているというのは、火打山で繁殖するライチョウの際立った特徴である。しかも、一九六〇年代から一九七〇年代には、発見された一一巣中八巣がハイマツにつくられていたが、二〇〇八年以降に発見した一〇巣では、ハイマツにつくられていたのは二巣にすぎなかった。四〇~五〇年前にくらべ、火打山ではハイマツ以外に営巣する例が多くなっていることがわかる。この原因は、温暖化の影響によりハイマツの成長がよくなり、現在では営巣に適した背の低いハイマツがほとんどなくなっているためと考えられる。

火打山についで、ハイマツ以外への営巣が多いのは、北アルプス北部の立山室堂である。富山雷鳥研究会の調査によると、発見された五六巣のうち一九巣、つまりほぼ三分

上.火打山では、背の低いハイマツがほとんどないため、多くの巣はハイマツ以外につくられる。
ミヤマハンノキの根元につくられた巣で抱卵中の雌。
下.背の高いイネ科の植物の中ですごす家族。温暖化により、
火打山では亜高山性の背の高い植物が侵入し、子育てに適した開けた環境が少なくなっている。

の一の巣が、ハイマツ以外のチシマザサ、ミヤマハンノキ、ホンドミヤマネズ、タカネナナカマドなどの群落内につくられていた。しかも、ほかの山岳ではほとんどの巣が五〇センチメートル以下の背の低いハイマツにつくられていたが、立山室堂では七〇％ほどの巣が、高さ五〇センチメートル以上の植生につくられていたのである。

どうやら温暖化の影響は、北アルプス北部や火打山・焼山といった分布北限の標高の低い、多雪地で繁殖するライチョウほど強く受けているようだ。

火打山・焼山のライチョウは、分布周辺に位置する日本最小の繁殖集団である。北アルプスから移入してくる個体によってかろうじて維持されているが、温暖化の影響を最も強く受けており、絶滅の可能性が最も高い集団と考えられる。とくに懸念されるのが、植生の背丈が高くなったため、小さな雛が動き回りやすい環境が失われてきている点である。今後さらに温暖化が進めば、北アルプスから分散してくる個体があったとして、営巣し、抱卵まではできたとしても、子育てができる場所がない、という事態になりかねない。だが、前述のように、この集団はかつて東北に存在したと考えられる祖先集団の末裔であり、この集団にしかないハプロタイプの遺伝子を持つなど、過去の分布や遺伝的な分化を示唆する貴重な集団でもある。温暖化の影響を今後見守っていくとともに、保護対策をいまから検討しておくことが、とくに必要な集団といえるだろう。

12章 分散で維持されている分布周辺の集団

七〇年ぶりに確認された白山のライチョウ

前章では、火打山・焼山の集団についてみてみたが、ほかの同じような分布周辺の集団では、どうなのだろうか。つぎは、いったん絶滅した後、七〇年ぶりに雌一羽が確認された白山のライチョウについて、検討してみることにしたい。

ライチョウが日本の文献に初めて登場するのは、冒頭でもふれたように、後鳥羽院によって詠まれた白山のライチョウである。高い山には神がすむという山岳信仰が古くからあり、白山のライチョウは霊鳥として手厚く保護され、その後も長く文献に登場している。しかし、明治の終わりから大正になると、白山でのライチョウの観察記録は途絶えがちとなり、昭和の初めの一九三〇年代ごろ、白山のライチョウは絶滅した。それ以後最近まで、確実な生息の情報は途絶えていたが、二〇〇九年五月二六日、登山者がライチョウの雌一羽を撮影し、その写真が地元の白山自然保護センターに届けられた。同センターの上馬康生さんがすぐに現地を訪れ、七〇年ぶりに白山でのライチョウの生息が確認されたのである。

しかし、その後秋の九月にかけ、上馬さんが計七回、のべ一五日間この雌を探しに白山を訪れたが、姿を確認できなかった。そのため、この年の秋に大町山岳博物館の宮野典夫さんと私が白山を訪れ、調査することになった。一〇月九日の午後に現地で上馬さんから説明を受けた後、私はそれまでの経験と現地の植生や地形から、この時期に雌がいるとしたら、この場所にちがいないと見当をつけた。翌日早朝に小屋を出てその場所に行くと、雌は予想通りその場所ですぐにみつかった。

白山の雌を探すにあたり、私はある作戦を立てていた。この雌は、少なくとも半年近くにわたり単独で生活しているので、雄と接触していないはずだ。だから、雄特有の〝ガガー〟という声をテープレコーダーで聞かせれば、雌はすぐに反応するにちがいない。反応して飛んできてくれれば、雌を簡単にみつけ出すことができる。しかし、訪れた初日に、この雌が写真撮影された場所や姿が確認された場所、さらに糞などの生活痕跡がみつかったという場所でテープの声を流してみたが、まったく反応がなかった。

翌朝、私が見当をつけた場所で雌をみつけたので、雌のすぐ近くで、テープの声を聞

2009年に白山で70年ぶりに生息が確認された雌。
10月の初め、雪の降る中、しきりに餌をついばんでいた。

かせてみることにした。驚いたことに、私の予想に反し、雌は雄の声に何の反応も示さなかった。雄の声にはまったく関心がないかのように、餌を食べ続けたのである。たしかに、いまは繁殖期ではない。雄には関心が薄い時期だとしても、すこしは関心を示してほしかったというのが、私の率直な気持ちだった。この雌は、たった一羽きりでさびしくないのだろうか。

ともあれ、雌を発見することができたので、その日は雌の行動を観察することにした。七時四〇分に雌を発見してから、夕方暗くなり、観察が困難になる一八時ごろまで、一〇時間以上にわたって連続して観察することができた。この雌は、人の手で白山に運ばれてきた可能性も当初は考えられていたが、この日の観察から、自力で白山に移動してきたものと判断できた。人に捕獲されて運ばれてきたのなら、人をすこしは避ける行動をとるはずだが、この雌は人に対する警戒心がまったくなかったからである。

この雌は翌年も同じ場所に定住し、八月に入ってからは、ハイマツの下に放棄された巣もみつかった。さらに、三年目にあたる二〇一一年には、前年の巣のすぐ近くで新しい巣が発見され、六卵を抱卵しているのが確認された。しかし、当然のことながら、無精卵のため卵は孵化しなかった。この年の夏、環境省はこの雌を捕獲することを決めた。私と研究室の小林篤君は、一〇月下旬に白山を訪れ、この雌を捕獲し、色足環を付けて個体識別ができるようにした。

四年目にあたる二〇一二年、足環をつけられたこの雌は、それまでと同じ場所で観察された。おそらく、同じ雌が四年間同じ場所に定住して巣をつくり、産卵、抱卵したが、途中であきらめる、といったことを繰り返していたのだろう。

先にもふれたように、ライチョウが生まれた場所から分散するのは、親から独立した秋の一〇月から翌年の繁殖期までで、それ以後は最初の年にすみついた場所に、ほぼ一生定住する傾向にある。そのため、この雌は、冬の間に山から山へと移動する過程で、ついに白山までたどり着いたものと判断した。では、この雌は、いったいどこで生まれた個体で、どのように白山までやってきたのだろうか。

白山の雌は、どこから来たのか？

二〇〇九年の秋に白山の雌を調査したさい、羽を採集した。採集された羽は、石川県立大学でミトコンドリアＤＮＡを抽出し、コントロール領域の分析が行われた。可能性として考えられるのは、ともに白山から七〇キロメートル離れた北アルプス、乗鞍岳、御嶽山のいずれかである。分析の結果、この雌は、北アルプスとその周辺の火打山、乗鞍岳、御嶽山のいずれにも最も多いＬｍＨｉ１という系統（ハプロタイプ）であることが確認された。どれか特定の山にしか存在しない系統であれば、雌の出所由来を特定することができる。しかし、この雌は、これらのどの山でも最も一般的な系統だったため、ミトコンドリアＤＮＡの解析からは、どの山から来たのかを特定することはできなかった。

三年目の二〇一一年の秋、この雌を捕獲し、標識したさいに、血液を採集することができた。血液を採集できれば、核内の遺伝子であるマイクロサテライトＤＮＡの解析が可能になる。解析は、国立科学博物館の西海功さんの研究室に依頼した。この雌の計五つのマイクロサテライト遺伝子座の解析が行われた結果、可能性のある北アルプス、乗鞍岳、御嶽山のライチョウの遺伝子組成と比較すると、北アルプスの集団に最も近いことがわかった。これにより、白山で七〇年ぶりに観察された雌は、北アルプスから来た個体であるという結論にいたった。

では、この雌は、北アルプスからどのように白山まで移動してきたのだろうか。先に検討したように、ライチョウが一挙に飛べる距離は、南アルプスから八ヶ岳に移動した例の二一・二キロメートルである。白山と北アルプスの距離は七〇キロメートルほどで、一挙に飛べる距離ではない。地図を見ると、ライチョウが繁殖している北アルプスの北ノ俣岳と白山の間には、標高一五〇〇メートル以上の山が計一三ある。それらの山のうち、最も離れた山は二二キロメートルであり、この間を移動できれば、それ以外の山はもっと近い距離にあるので、北アルプスから白山まで、山伝いに移動可能である。これ

乗鞍岳からみた白山。白山は、乗鞍岳、御嶽山、
北アルプスのいずれからも70kmの距離にある独立峰。
乗鞍岳と白山の間には高山盆地があり、途中に高い山がないが、北アルプスからは、
雪でおおわれた高い山が連なる。

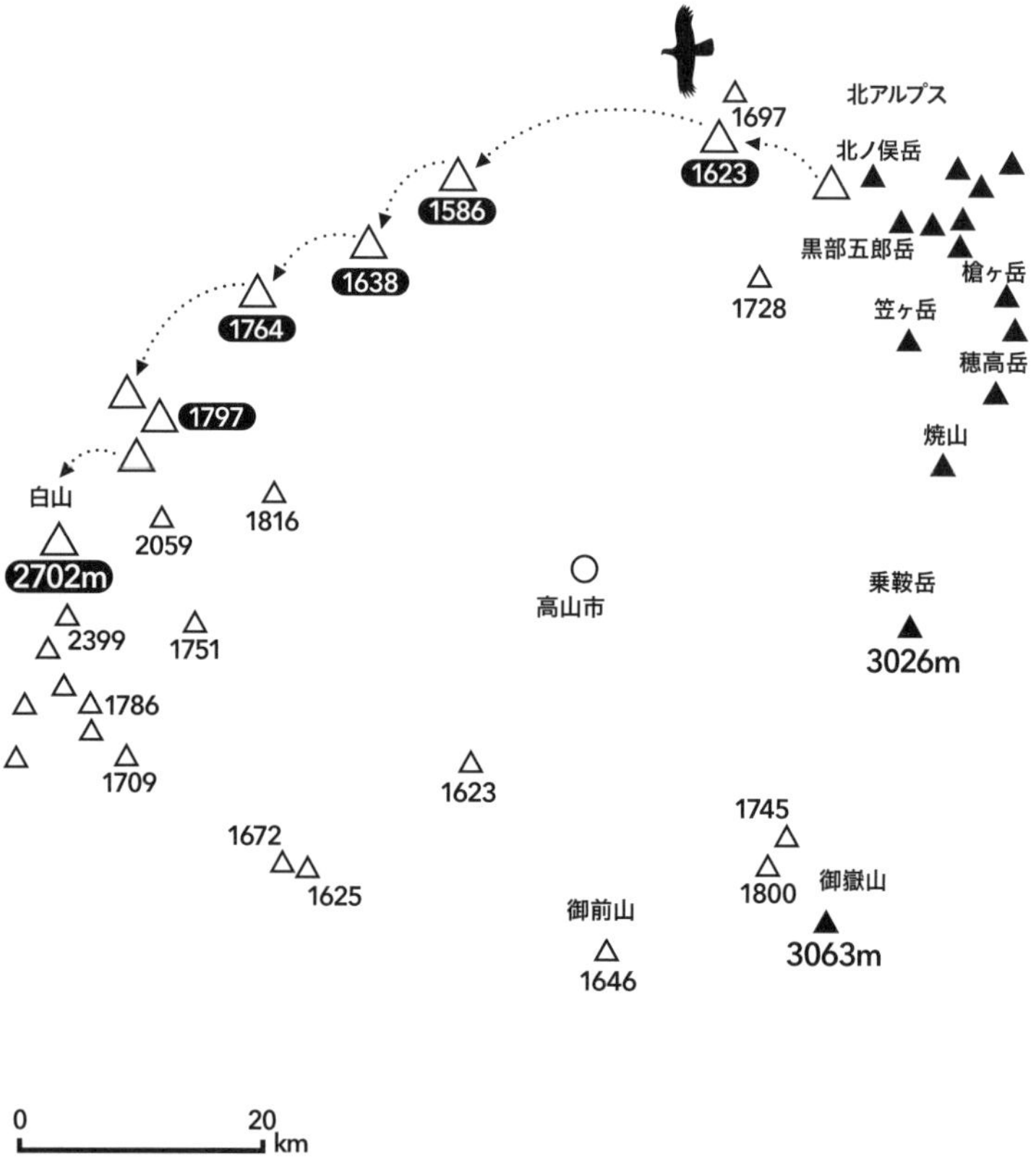

白山で70年ぶりに確認された雌の移動経路予想図。黒い三角は、ライチョウが現在生息する主な山岳を示す。白山は、生息地である乗鞍岳、御嶽山、北アルプスのいずれからも約70kmの距離にある独立峰。この雌を捕獲し、マイクロサテライトDNA遺伝子を解析したところ、この雌は北アルプスの系統に最も近いことがわかった。そのため、この雌は、図中の矢印で示した山岳を経由して、白山にたどり着いたと考えられる。

らの山は、日本海気候の影響を強く受けて多雪のため、冬には山頂付近が一面の雪でおおわれる。そのため、一見すると高山帯を持つ山のようにみえる。また、山頂付近では、冬の時期の餌であるダケカンバの冬芽が得られる。おそらくこの雌は、冬の時期に北アルプスからいくつもの山を移動し、白山にたどりついたが、もどれなくなって、そのまま白山に居ついてしまったものと考えられる。

白山にすめるライチョウの数

七〇年ぶりに白山でライチョウが観察される八年前の二〇〇一年、私の研究室では、大町山岳博物館とともに、白山に何つがいのライチョウが生息できる環境が残っているかを調査したことがある。乗鞍岳、北アルプスなど、ほかの山岳での調査経験から、現在の白山の植生等をみて、ライチョウがなわばりをつくれそうな場所を地図上に推定してみた。その結果、ほぼ確実になわばりができそうだと判断した場所は計一九か所、可能性がある場所は計八か所で、白山には最大二七つがいが繁殖できる環境が残されていると判断した。七〇年ぶりに観察された雌が定住した場所は、この調査で最もライチョウの生息に適した地域と判定された場所だった。

白山からライチョウが絶滅した原因は不明である。白山は高山帯の面積が狭いので、ライチョウがもともと多数生息していた山ではない。捕食者の増加や悪天候など、何らかの原因で数が減少し、絶滅してしまったのだろう。白山は、ライチョウの生息する北アルプス、乗鞍岳、御嶽山から遠く離れているので、それらの山からの個体の移動はめったになかったと考えられる。ふたたび白山で繁殖集団が復活するためには、少なくとも雄一羽と雌一羽が白山にそろう必要がある。生まれた場所からより遠くに分散する傾向は、雌の方が強い。雄の分散は距離が短いので、白山に移動してくる可能性はより低くなる。そのため、白山に雌雄ともそろう可能性は、きわめて低いと考えられる。

この雌は、白山でいつまで生き続けるのだろうか。おそらく、死ぬまで一羽でこの場所に留まるにちがいない。この雌が、これまで少なくとも四年間にわたり白山で生存したという事実は、まだライチョウが生息できる環境が白山に残されていることを端的に示している。将来的には、北アルプスから白山にライチョウを移殖し、繁殖集団を復活させることで、ライチョウ絶滅の危険分散をはかっておく必要があると考えている。

そのほかの分布周辺の集団

ではつぎに、南アルプスにも目を向けてみよう。南アルプスの鳳凰三山は、日本でライチョウが繁殖する最も東の山岳である。二〇一二年七月九日、この鳳凰三山の薬師岳で、近くの山小屋従業員が、孵化したばかりの雛一羽をつれた雌親の家族を発見し、三〇年ぶりにライチョウの繁殖が確認された。この山では、一九八三年を最後に繁殖の確認が途絶えていた。鳳凰三山ではこれまでにも、たびたび春先や秋の終わりにライチョウが確認されていたが、いずれも一時的に移動してきた個体で、繁殖にはいたっていなかった。隣の白根三山の北岳で二〇〇五年にわれわれが標識したその年生まれの若鳥が、五年後の二〇一〇年一一月に、鳳凰三山の観音岳で確認されている。北岳と観音岳との距離は七・三キロメートルなので、充分移動可能だ。また、同じ白根三山の農鳥小屋付近で二〇〇四年に標識した若鳥が、五年後の二〇〇九年六月に仙丈ヶ岳で繁殖しているのが確認されている。鳳凰三山には、このようにまわりの山岳からときどき移動してくる個体がいるが、高山植生が豊かではなく、隠れ場となる岩場も少ないので、一時的に繁殖がみられただけなのだろう。

南アルプスの南部にある光岳は、ライチョウが繁殖する日本最南端の山であり、かつ世界最南端の山である。繁殖がみられるのは、正確にはこの光岳のすぐ横にあるイザルヶ岳で、一九八四年の調査で一つがいが繁殖しているのが確認された。その後、二〇〇七年より、静岡ライチョウ研究会が、この山のライチョウの繁殖数を毎年調査している。それによると、多い年には二つがい繁殖するが、繁殖がみられない年もあることがわかってきた。光岳の北には、同じく山頂部のみに高山植生をもつ仁田岳、茶臼岳、上河内岳があり、一九八四年に実施した調査ではそれぞれ一、二、四、九つがい、二〇〇五年の調査では一、二、三、四つがいが繁殖すると推定されている。さらに上河内岳の北には聖岳がある。ここでは、一九八四年の調査で一七なわばり、二〇〇五年の調査で一六なわばりが推定されている。聖岳からは、高山帯がほぼ連続的に連なり、南アルプスの中心・赤石岳へと続いている。

おそらく、南アルプス最南端のイザルヶ岳や仁田岳といった飛び石状に分布する周辺の集団は、聖岳とその北に控えている南アルプスの大きな集団から分散してくる個体によって、存続していると思われる。

以上、分布最北端の火打山・焼山、西端の白山、東端の鳳凰三山、最南端の南アルプス南部の山岳でのライチョウの生息状況についてみてきた。これら分布の端にあたる山岳では、生息可能な環境が狭いため、まとまった数の集団を維持できず、いずれも大きな集団から分散してくる個体に存続が左右されていることが明らかになった。現在、まとまった数が生息する山岳は、北アルプスと南アルプスである。ライチョウは飛翔力がないため、これら二つの母集団からの距離が重要となる。近くに母集団がある南アルプス最南端のイザルヶ岳では、繁殖が途絶えても数年で回復するが、七・三キロメートルとより離れた鳳凰三山では三〇年ぶりに繁殖が確認され、二一・二キロメートルとさらに離れた八ヶ岳では、江戸時代に絶滅したと考えられて以降、一度だけ雌雄が確認され

ないことを示している。

たのみである。これらの事実は、母集団から離れるほど、雌雄がそろうことはめったにない。

これまでに絶滅が起きている八ヶ岳、白山、中央アルプスは、北アルプスと南アルプスの集団から離れた山岳である。環境が悪化して数が減少してくると、これら二つの母集団から分散してくる個体は少なくなるので、分布周辺の集団ほど、その影響を受ける。つまり、今後の絶滅も、分布周辺であるこれらの山岳から起きると考えられる。したがって、分布周辺の山岳での繁殖状況を注視してゆくことが、日本のライチョウの今後の動向を知る上で重要になるといえるだろう。

13章 ライチョウに忍び寄るさまざまな危機

二五年ぶりの個体数調査

最初にも述べたように、私がライチョウ調査の再開で明らかにしたいと考えていた大きなテーマのひとつは、その後の生息数の変化である。羽田先生が実施した全山の生息数調査からは、すでに二五年以上が経過している。そこでさっそく、二〇〇一年から調査を再開した。以来、主な山を抽出する形で毎年調査を続け、予定していた山をすべて調査し終えたのは二〇〇九年である。この九年にわたる調査でわかってきたのは、生息数が以前とほぼ同じ山もあるが、多くの山では減少傾向にあることだった。

ところで、ライチョウの生息数はどのようにして調査するのだろうか。羽田先生がとった方法は、繁殖時期のなわばり数を山ごとに調査する方法だった。ライチョウは繁殖期になわばりをつくり、一夫一妻で繁殖するので、なわばり数を明らかにすることで、繁殖個体数を割り出せる。したがって、今回も前回と同じ時期に同じ方法で調査を行えば、数が減っているのか、増えているのかを明らかにすることができる。

なわばり調査

では、そのなわばり調査の具体的な方法をみてみよう。ライチョウはなわばりを確立して繁殖するが、そのなわばりが最も安定しているのは、産卵期から抱卵期の六月から七月上旬である。なわばり調査は、残雪がまだ多く残るこの時期に行われる。調査は、高山植生のある高山帯一帯を歩き回り、ライチョウの生活痕跡である糞、羽、砂浴び跡、なわばりの見張り場などを探すことが基本である。糞は形と色により、いつの時期のものかが判断できる。細長く、繊維質で固い薄黄褐色の糞は冬の時期のもので、これをみつけてもなわばりの根拠にはならない。繁殖時期の糞は、ニワトリの糞に似て丸みがあり、水分が多く、白い尿酸を含んでいる。このほかに、抱卵中の雌は、ふつうの糞の五〜六倍もある抱卵糞と呼ばれる特大の糞をする。この糞が見つかれば、近くで雌が抱卵に入っていることがわかる。また、目立つ岩の上などに多数の糞がまとまっていれば、そこを雄がなわばりの見張り場に使っていることがわかる。ライチョウの雌雄が一か月

上.岩の上の見張り場跡。多数の糞が残されている(矢印のところ)。
下.抱卵糞(左)と夏糞(右)。どちらもやわらかく、白い尿酸を含んでいる。
抱卵中の雌による抱卵糞は、普通の夏糞の5〜6倍の大きさがある。

から二か月間生活していたなわばり内には、これらの生活痕跡が色濃く残されている。そのため、これらの痕跡がセットでみつかれば、たとえそこでライチョウがみつからなくても、なわばりがあると判断できるのである。

五月から六月前半のなわばり行動が活発な時期には、雄の行動の観察もなわばりの推定に役立つ。目立つ岩の上などで見張り行動をしていて、侵入した個体を追い出す行動がよくみられるからである。この時期には、雄の〝ガガー〟という声をテープで流し、声に反応し出てきた雄を見つけ、行動を観察する方法もある。しかし、抱卵期が終わりに近づき、雄の換羽が開始される六月下旬に入ると、なわばり行動はあまりみられなくなり、晴れた日にはとくに、テープの声にもまったく反応しなくなる。そのため、調査時期によって、どの程度生活痕跡と行動観察に重点を置くかが異なってくる。

調査は、三人から四人がチームになって、目立つ岩の上や、砂浴び場としてよく使われる登山道や砂礫地などを、分担して探す方法がとられる。みつかった生活痕跡をもとに、観察された行動、さらにその場の地形と植生を考慮し、なわばりの位置と範囲を推定して、地図上に記録する。ひとつのなわばりが確認されると、その隣を調べてゆき、全山のなわばり分布を明らかにするというのが、羽田先生が確立したなわばり調査法である。

専門的知識が必要とされるライチョウ調査

はじめてライチョウを調査する人や、なわばり調査法を理解していない人がよく陥るのは、ライチョウをみつけることばかりに熱心になり、生活痕跡の発見に目がいかないことだ。何度もふれているように、天気のよい日は、ライチョウはハイマツの中に隠れていることが多いので、発見するのが難しい。そのため、行動観察がなわばりを推定する方法だと勘違いしている人は、天気がよすぎてなわばり調査ができなかったとか、今年は繁殖時期が例年より早く、調査がうまくできなかったという。しかし実際は、その逆である。天気のよい日ほどライチョウの痕跡調査はしやすく、後半の遅い時期ほど生活痕跡は多くなるので、より正確な調査ができる。羽田先生が確立したなわばり調査法は、その日の天候や繁殖時期の早い遅いに関係なく、可能な方法なのである。ライチョウが発見されたかどうかは二の次で、みつかった場合には、先のように推定する根拠のひとつになるにすぎない。この調査法の優れた点は、雛が孵化し、なわばりが解消された以降も、八月上旬ごろまでは、なわばり内に生活痕跡がある程度残されているので、調査が可能なことである。

ライチョウの発見や行動からなわばりを調査する場合に、もうひとつ気をつけなければならない点は、ライチョウにはつねにアブレ雄が存在することである。みつけた雄がなわばり雄か、アブレ雄かをすぐに判断するのは、多くの場合困難だ。なわばり雄は、狭い自分のなわばり内で生活しているが、アブレ雄はそれよりもずっと広い範囲を行動し、あちこちのなわばりに侵入を試みている。そのため、実際にはなわばりのない場所でアブレ雄をみつけた場合、そこになわばりがあると判断してしまう。さらに標識していない場合には、同じアブレ雄を何か所かでみつけ、それぞれの場所になわばりがあると判断してしまう可能性もある。そのため、乗鞍岳のようにほとんどの個体が足環で個体識別されている場合をのぞき、ライチョウの発見や行動のみでは、なわばりを推定するのは困難である。ましてや繁殖期以外の時期には、なわばりが解消され、あちこちで不安定な群れをつくって生活するので、生息数の推定はいっそう困難となる。

ライチョウは、高山という環境に適応した極めて特殊な習性を持つ鳥だ。そのため、鳥一般の知識や経験を持つ人ならだれでも調査ができるわけではない。ライチョウの習性や生息場所についての詳しい知識と経験があって、はじめて可能となるのである。

個体数は三〇〇〇羽から二〇〇〇羽以下に

二〇〇一年にライチョウの生息数調査を再開したとき、最初の調査を行ったのが乗鞍岳で、翌年には火打山で調査した。三年目の二〇〇三年には、御嶽山を調査したが、天候が悪く、全山を調査することができなかった。調査できた範囲に限って比較すると、二八なわばりが二二と、やや減少している程度だった。

繁殖期のなわばり調査ができるのは、限られた期間である。このころ、私はまだカッコウの調査を実施しており、また乗鞍岳でのライチョウの個体群調査も実施していたので、年間になわばり調査ができる山の数は、ひとつか、多くても二つだった。

二〇〇三年の九月には、下見のつもりで南アルプスの北岳を訪れた。ここは二二年前の一九八一年に、南アルプスで最初に調査した山で、南アルプスでライチョウが最も多く繁殖していた山でもあった。だが驚いたことに、ライチョウがみつからない。天気がよかったこともあるが、ライチョウの糞や羽といった生活の痕跡さえ、ほとんどみつからなかった。ライチョウの気配が、まるでないのである。明らかに、何か異変が起きていると直感した。そこで一週間後にふたたび訪れ、詳しく調査することにした。北岳から間ノ岳の高山帯をくまなく歩き回り、二つの異常を確認できた。ひとつは、ライチョウの数がまちがいなく激減していること。もうひとつは、北岳や間ノ岳などの高山帯にニホンザルの糞が多数見つかり、実際に二〇頭ほどのニホンザルの群れが観察されたことである。以前の調査では、サルの糞や姿はまったく観察されなかった。

翌二〇〇四年には、北岳、間ノ岳、農鳥岳のある白根三山一帯を詳しく調査することになった。信州大学の学生と地元山梨県の関係者八名ほどで、六月に五日間ほどかけて全山の調査を終えた。その結果、一九八一年に白根三山一帯で推定されたなわばりがちょうど一〇〇だったのに対し、四一と半数以下に激減していたのである。とくに減少が著しかったのは、北岳から農鳥小屋にかけての白根三山北部の地域で、以前には六三あったなわばりが、一八にまで激減していた。

二〇〇五年以後は、予定していた残りの山についても調査を急ぐことになった。南アルプス南部の光岳〜聖岳の調査をはじめ、中部の塩見岳、北部の仙丈ヶ岳と甲斐駒ヶ岳〜アサヨ峰、北アルプス南部の常念岳〜燕岳、中部の後ろ立山（七倉岳〜五竜岳）、北部の白馬岳周辺の調査を行った。二〇〇八年には御嶽山を再度調査し、二〇〇九年には予定していたすべての山の調査を終えることができた。

今回の調査でわかったことは、三〇年ほど前と生息数がほぼ同じだったのは火打山と乗鞍岳のみで、そのほかの多くの山では、減少傾向にあったことである。最も減っていたのは南アルプスで、三〇年前の半分以下の四二・五％に減少していた。そのうち、先に述べた白根三山北部についで減っていたのは御嶽山で、一九八一年に五〇あったなわばりが、二〇〇八年には二八しかなく、以前の五六％に減少していた。減少しているのは北アルプスでも同様で、北部の白馬岳周辺は以前の六八％だったが、南部ほど減っており、北アルプス全体では以前の五六％だった。以上の結果から、ライチョウの生息山岳全体では、この三〇年ほどの間に、五九％に減っていることが明らかになった。

もっとも減少がはげしかった南アルプスの白根三山については、白根三山の北半分にあたる農鳥小屋から間ノ岳、北岳一帯について、その後も毎年なわばりの調査を行った。また二〇〇三年からは、この地域のライチョウを捕獲して標識し、個体識別ができるようにして、継続調査をすることになった。その結果、二〇〇三年には一八あったなわばりが二〇〇八年には一四となり、その後も減少が続いていることがわかった。

これらの結果をもとに、最近の全山の生息数を推定すると、約一七〇〇という結果となった。この三〇年間に、三〇〇〇羽から二〇〇〇羽以下に減少していたのである。

温暖化問題

日本のライチョウにとって将来懸念される問題は、個体数の減少とともに、温暖化による影響である。気候変動に関する政府間パネル（ＩＰＣＣ）が二〇〇七年に発表した報告によると、この一〇〇年間に世界の年平均気温は、〇・七四度上昇している。それに対し、気象庁の二〇一二年の発表によると、日本ではこの一〇〇年間に一・二度上昇している。温暖化の影響は北の地域ほど、また標高の高い地域ほど強く受けると考えられているので、高山にすむライチョウは、日本で最も温暖化の影響を受けやすいとされている。温暖化により、ライチョウのすめる高山帯の面積が狭まるからである。

では、温暖化がライチョウに与える影響を予測することはできないだろうか。この問題を検討するのに、羽田先生が二〇年以上かけて調査した、ライチョウのなわばり分布の資料が使えることに気づいた。気温は、標高が高くなると低下する。その割合は、標高が一〇〇メートル高くなるごとに〇・六五度低くなる。これを換算すると、標高が一五四メートル高くなると気温は一度低くなる。したがって、温暖化により年平均気温が一度高くなると、ライチョウのすめる森林限界以上の高山帯は、一五四メートル高くなると仮定することができる。

カシミールという地図ソフトを使って、三〇年以上前に二〇年間かけて調査した各山岳のなわばりについて、ひとつずつ標高と緯度を調べた。御嶽山、乗鞍岳、北アルプス、火打山と、緯度が高くなって北に行くほど、なわばりは標高の低い場所に見られる。そこで、それぞれの山のもっとも低い位置のなわばりから、なわばりの下限線を求めた。この下限線を基準に、年平均気温が一度上昇すると、森林限界線は一五四メートル高くなると仮定し、この線より下にくるものは絶滅すると考えた。このようにして、温暖化とともにライチョウのなわばり数がどのように減少するかを学生たちと検討した。

その結果、年平均気温が一度上昇すると、日本全体のライチョウのなわばり数は、三〇年前の七四・二%に減少することがわかった。最も低い場所になわばりがある日本最北端の火打山では、ライチョウはたった一度の上昇で絶滅することになる。そして二度上昇した場合には、日本全体のなわばり数は三〇年ほど前の三八・二%に、三度では六・四%に減少すると推定された。三度上昇すれば、御嶽山と乗鞍岳ではライチョウは絶滅。南アルプスで計一四なわばりとなり、ほぼ絶滅状態となる。北アルプスでは九・二%にあたる計七二なわばりのみとなり、槍ヶ岳周辺の集団と白馬岳周辺の集団とに分断されることがわかった。

以上の結果から、年平均気温が三度上昇すれば、ほぼ絶滅状態になると考えられる。日本のライチョウは、約六〇〇〇年前の縄文中期に現在より一度から二度高い状態を経験している。その意味でも二度の上昇がほぼ限界であり、三度の上昇は致命的と考えられるのである。

高山に侵入する動物たち

温暖化の問題と密接に関係し、現在日本の高山で起きているもっと深刻な問題がある。本来低山に生息していた大型の野生動物であるニホンジカ、ニホンザル、ツキノワグマ、イノシシが、最近になってつぎつぎと高山帯に侵入し、高山植物の食害が各地に広がっていることである。私がこの問題に最初に気づいたのは、先にもふれたように二〇〇三年の秋に南アルプスの北岳を訪れ、高山帯一帯にニホンザルの糞を多数みつけたときである。北岳肩の小屋の森本聖治さんの話では、北岳にサルの群れが見られるようになったのは、一九九〇年代中ごろからとのことだった。二〇〇三年以後、調査に訪れるたびにサルの群れが観察され、現在では白根三山一帯にサルの群れが広がっている。

　サルに続いて高山帯に侵入したのは、ニホンジカである。二〇〇三年には、北岳の登山口である標高一五五〇メートルの広河原付近でシカの食害が目立ちはじめた。林床植生がほぼ食べつくされ、シカに皮を食べられた木が目立ってきたのだ。このころ、白根御池小屋の上の標高二二四〇メートルから二四五〇メートル付近の通称「草スベリ」と呼ばれる場所では、亜高山帯の雪崩植生である「お花畑」へのシカの食害がはじまったばかりだった。その後、シカは林床植生やお花畑を食べつくしながら、年々上へと上がっていった。そうした痕跡をみながら、私は毎年ライチョウ調査に北岳を訪れることになったのである。

　私が北岳の高山帯でシカを最初に目撃したのは、二〇〇五年六月だった。その後は、シカの足跡が白根三山一帯の高山帯のどこにでもみられるようになり、現在では調査のたびに、シカの群れが目撃できるようになった。シカが亜高山帯から高山帯に本格的に侵入するのに、五年とかからなかったわけである。

　サル、シカに続いて高山帯に侵入したのは、イノシシである。二〇〇六年の九月に北

上.南アルプス仙丈ヶ岳の小仙丈カールに侵入したニホンジカの群れ。
食害により、ほぼ3年で高山植生は回復不能の状態となる。撮影：樋口直人
下.北岳の山頂直下に侵入し、夏を過ごすニホンザルの群れ。食べているのは高山植物である。

上.乗鞍岳で撮影されたツキノワグマ。10mほどの距離からの撮影。
夏の時期にはとくに多くみかけるが、クマの方から人を襲うことはない。
下.5月に乗鞍岳の不消ヶ池でみつかったイノシシの死体。吹雪にあい凍死したもの。
撮影:小林篤

岳を訪れたとき、標高二三五〇メートル付近のお花畑のあちこちが掘り返されているのを見つけた。最初、一体だれが掘り返したのかわからなかったが、その後、イノシシであることがわかった。二〇〇八年の秋には、さらに上の森林限界を超えた高山帯のお花畑で同じ掘り返しを見つけ、イノシシも高山帯に侵入した事実を知ることになった。

ニホンザル、ニホンジカ、イノシシに加え、最近ではツキノワグマの侵入も深刻である。二〇〇九年九月、乗鞍岳の畳平で、ツキノワグマが観光客を襲う事件が起きたのは記憶に新しい。乗鞍岳で調査中にツキノワグマをみかけるようになったのは、二〇〇三年ごろからである。それから一〇年を経過した現在では、夏の時期にライチョウを調査していると、一日に一度はクマを見かけるまでになった。同様のことは、北アルプスや南アルプスでも起きており、いまから四〇年ほど前にはクマが高山帯で観察されることはまれだったが、現在ではごく普通に観察されるようになった。クマも数を増やし、高山帯にまで登ってきたのである。

失われたお花畑

野生動物の相次ぐ高山帯への侵入により、現在、高山植物の食害は深刻な状態になりつつある。ことに、高山帯までシカの群れが入った南アルプスでは、各地でお花畑が食害にあい、すでに失われてしまった。私が最初にその光景をみたのは、二〇〇五年に南アルプス南部の聖岳から光岳にかけて、ライチョウ調査に訪れたときだった。長野県側の遠山川沿いに登り、聖平小屋近くの尾根にたどり着いたとき、あたり一面に残されたニホンジカの足跡に驚かされた。さらに驚いたのは、尾根筋や雪崩のため木が育たず草原となっている場所では、かつて夏に美しい花を咲かせたお花畑がすでに失われ、トリカブトやミヤマバイケイソウといった毒草のみが、まばらに生えた殺風景な草地に変わっていたことである。

シカによる食害は、聖平小屋付近にとどまらず、聖岳から光岳にかけての一帯に広がり、南部ほど深刻だった。とくに光岳では、シカが等高線にそって歩いてできた道「キャトルテラス」が山頂までつけられており、南アルプス南部ほど、早い時期からシカによる食害を受けていたことがわかった。それから八年を経過した現在では、南アルプス全域の高山帯にシカの群れが入り込んでおり、もはや各地のお花畑は失われている。そして植生の失われた場所では、土砂の流失がはじまっているのである。

高山帯へのシカの侵入とその後の経過については、南アルプスの北の端にある仙丈ヶ岳でつぶさに観察することができた。この山には、氷河によって削られてできた小仙丈カールや大仙丈カールといった氷河地形が残され、隣の北岳と並んで貴重な高山植物の宝庫である。このカールにシカの群れが入り込んだのは、二〇〇六年のことである。この年の八月に、小仙丈カールでシカの群れを撮影した山梨県の樋口直人さんが写真を送ってくれた。その三年後の六月、ライチョウ調査で小仙丈カールを訪れた私は、シカの食害状況をこの目で確かめることができた。驚いたのは、あたり一帯に残されたおびただしい数のシカの糞と、無数にできたシカ道だった。一面におおっていたはずのガンコウラン、アオノツガザクラ、コケモモなどの矮性低木の群落は、食害と踏みつけにより、すでに半分以上が白く枯れた状態になっていた。この時期、本来ならキバナシャクナゲは薄黄色の花を咲かせている。だが、まわりの植物が失われて土壌が流失した結果、礫に囲まれてかろうじて生きている状態で、花を咲かせている株はひとつもなかった。こうしてほとんどの植物が食害にあっている中で、タカネヨモギだけはなぜか食べ残されており、むしろ元気に青々としていた。

このカールは、尾根筋につけられた登山道から離れているので、シカは人を警戒することなく、ひと夏を通して、昼間にも二〇から三〇頭の群れで活動していたのである。いったんシカの群れが高山帯に入ってしまうと、ほぼ三年で植生は回復不可能なまでに失われることを実感した。小仙丈カールより早くシカが入った隣の大仙丈カールでは、お花畑はすでに失われ、タカネヨモギのみがまばらに生えた植生に変わり、広い面積にわたって土砂の流失がはじまっていた。さらに、下方の亜高山帯のお花畑では、すでに植生はまったく失われ、土砂が流失して真っ白に変わっていた。

上.シカの食害によりお花畑が失われた後、土砂の流失がはじまり、白くなっている南アルプス仙丈ヶ岳付近の亜高山帯。
下.シカの食害で、バイケイソウ、トリカブト、マルバダケブキといった毒草の群落に変わったお花畑。

高山帯の急傾斜地から土砂の流失を防いでいるのが、高山植物である。その高山植物は、厳しい高山環境のもとで年にわずかしか成長できず、長い年月をかけて栄養を蓄えながら、生活を成り立たせている。そんな高山植物がシカの食害にあってしまうと、その影響は平地の植物の比ではない。花が咲かなくなり、年々小さくなって、ついには枯れてしまう。そしてその後に起こることは、高山帯からの土砂の流出である。南アルプスではすでに、それが各地ではじまっている。

では、南アルプス以外の北アルプス、乗鞍岳、御嶽山、火打山・焼山ではどうだろうか。これらの山岳でも、すでに山麓一帯にシカとイノシシが分布を広げている。とくに、乗鞍岳と北アルプスでは、ここ数年でシカとイノシシの高山帯での目撃情報が増え、各地で姿をみせるようになってきた。

乗鞍岳の高山帯でイノシシが初めて確認されたのは、二〇〇九年の八月で、肩ノ小屋の前で小屋の従業員が写真撮影した。また、同年九月には、イノシシの群れがお花畑を一面に掘り返した痕を、われわれが発見した。さらに二〇一一年の五月には、院生の小林篤君が調査中に、不消ヶ池の残雪上でイノシシの死体を見つけている。同年夏には、中部森林管理局が行った調査で、乗鞍岳の高山帯一帯にイノシシが侵入し、各地に掘り返しの被害が広がりはじめていることを明らかにした。

南アルプスでの状況から考えると、これら北アルプス、乗鞍岳、御嶽山、火打山・焼山にシカやイノシシが本格的に侵入するのは、もはや時間の問題である。それが日本の高山環境と、そこにすむライチョウに与える影響は、計り知れないものがあると予想される。

野生動物は、なぜ高山帯に侵入したのか

ではなぜ、ニホンザル、ニホンジカ、イノシシ、ツキノワグマといった本来低山に生息する大型動物が、高山帯に侵入するようになったのだろうか。その原因は、狩猟に携わる人が減少したことによって、これらの動物が人里で数を著しく増加させたことにある。一九七〇年には五三万人いたという狩猟免許保持者は、一九九九年には二〇万人まで減ったという。また、最近では若い人の参入がほとんどみられず、高齢化が進んでいる。明治以降から続いてきた狩猟による野生動物への高い捕食圧が、最近ではなくなってきているのだ。

また、里山が生活の場ではなくなり、過疎化が進んで人が入らなくなったことも、これらの動物たちを増やした大きな要因である。さらに言えば、かつては犬が野生動物にとって怖い存在であり、人里への進出を拒む効果を持っていたが、現在ではほとんどが鎖につながれているため、脅威ではなくなっている。里に進出した野生動物にとって、

そこは農作物など、山地以上に餌の豊富な場所であり、数を増やすのは当然の成り行きだった。加えて、一九七〇年代以後の減反政策が人里への進出に拍車をかけ、餌だけでなく、隠れ場まで提供することになった。野生動物にとって、人がかつてのように怖い存在ではなくなり、最近では市街地にまで出没するにいたっている。

人里へ進出し、数を増やした野生動物は、逆に里から山への分布拡大もみられるようになった。人里で農作物への被害が深刻となり、各地でいっせいに駆除が行われたことで、上へ上へと追い上げられた。そうして野生動物たちは、それまで障壁となっていた亜高山帯の針葉樹林を越え、高山帯にまで進出することになったのである。

ライチョウ調査を再開し、これまでにわかってきたのは、数の減少、山岳集団による隔離、遺伝的多様性が低い集団の存在、さらには温暖化と野生動物の高山への侵入など、ライチョウがさまざまな危機に直面していることである。われわれはこれらの問題にどのように対処し、高山環境とそこにすむライチョウを、今後どう守っていけばよいのだろうか。次章からは、これまでの研究成果をもとに、ライチョウの保護の問題について考えてみたい。

第3部
ライチョウは生き残れるか？

14章 ライチョウの保護活動

保護活動の歴史

まず、これまで行われてきたライチョウの保護活動の歴史を振り返ってみよう。ライチョウが「特別天然記念物」に指定されたのは、一九五五（昭和三〇）年。これを契機に、その後さまざまな形で保護活動が開始されることになった。最初に行われたのが、一九六〇年に実施された富士山への放鳥である。この事業は当時の林野庁が中心となり、日本鳥学会が協力して行ったもので、白馬岳から雄一羽、雌二羽、孵化後四〇日ほどの雛四羽の計七羽を、富士山に放鳥した。その後、一九六六年に追跡調査が行われ、雄七羽、雌三羽の計一〇羽が確認された。放鳥した当時の標識された個体は、すべて新たに生まれた個体に入れ替わっており、放鳥事業は成功したかにみえた。だが、その四年後にはすべていなくなり、放鳥による移殖事業は失敗に終わった。富士山は日本一高いが、歴史の新しい火山である。ハイマツがなく、餌となる高山植物が豊かではない。ライチョウがすむにはもともと無理な山だったのだ。この鳥の生態がわからずに実施したことが、失敗の原因とされている。

一九六三年には大町山岳博物館で、ライチョウの平地飼育が開始された。また、この年には林野庁が県鳥を募集し、富山、長野、岐阜の三県がライチョウを県鳥に指定した。一九六六年には、富山県がライチョウの人工飼育を立山で開始。立山の室堂など、生息現地でさまざまな形の飼育を行い、野外調査では解明しにくい子育ての生態などが解明できたとして、一九七一年に飼育事業を終了している。

一九七五年には、絶滅した白山、八ヶ岳へのライチョウの放鳥を環境庁が計画。依頼を受けた信州大学の羽田先生が白山環境調査を実施し、白山には餌となるコケモモ、ガンコウランが豊富で、三〇～四〇つがいが繁殖可能とした。しかし、絶滅した原因が不明であること、生態がまだ充分解明されていないことなどから、地元関係者や研究者の同意が得られず、実施は見送られることになった。

以上のように、ライチョウの保護については、これまでにさまざまな試みがなされており、日本の野生動物保護の歴史上最も早く、コウノトリやトキよりも早くから保護活動が開始されている。これらの試みの中でとくに重要なのは、大町山岳博物館でのライチョウの平地飼育である。まずはこの試みについてふれた後、最近のライチョウ保護の取り組みについて紹介することにしたい。

大町山岳博物館でのライチョウの平地飼育

北アルプスのふもとに市立大町山岳博物館がある。戦後の復興期、戦地から故郷大町に帰ってきた若者たちには、山岳をテーマに新たな文化を創造しようという意識が高揚していた。そんな若者たちが中心となって、一九五一年に設立されたのが大町山岳博物館である。ライチョウは、設立の当初から博物館の中心テーマと位置づけられていたが、調査が本格的に行われたのは、設立に深くかかわった羽田先生が信州大学に赴任してからである。一九六一年に長野県からの資金援助をうけ、前述のように爺ヶ岳でライチョウ調査を開始した。また、二年後の一九六三年には、現地調査では解明が難しい生理や生態の詳細を解明するため、博物館でのライチョウ飼育を開始した。飼育を担当したのは、大町高校の羽田先生の教え子で、博物館の初代館長・平林国男さんを中心とした館員の方々である。羽田先生の方は、その後も野外調査を中心に研究を進め、相互に連絡を取りながら飼育が続けられた。

だが、爺ヶ岳から卵を採集し、人工孵化することからはじまったライチョウの飼育は、初期には困難を極めた。博物館はライチョウの生息する高山より標高が一六〇〇メートルほど低く、真夏には一三・九度も気温が高い。ライチョウが本来すめない環境であり、狭いケージで飼うこと自体に無理があった。その上、初期には冷房施設すらなかった。卵や雛の温度調節、餌の問題など、すべてが試行錯誤だった。

難航した博物館での飼育は、一九七〇年に人工気象室が完成し、温度管理が可能となったこともあり、この年初めて、飼育下で三世が誕生した。これを契機に、人の手で育てられた雛が育ち、卵を産み、雛を育てる個体がしだいに増加しはじめた。そして一九八四年には、四世の雛が三羽成鳥に達し、八五年と八六年には、合わせて二〇羽の五世の雛の誕生をみたのである。一時は、山にライチョウをもどすまでに成功したかと思われたが、その後が続かなかった。最大の原因は、サルモネラ菌、トリアデノウイルス、寄生虫のコクシジウムなどによる感染症の問題が、最後まで克服できなかったからである。その後も山から卵の採集を続け、飼育が継続されたが、二〇〇四年に最後の個体が死亡し、四〇年以上続いた飼育は中断を余儀なくされた。

ライチョウ会議の発足

大町山岳博物館でライチョウ飼育が中断されるすこし前、大町山岳博物館が五〇周年を迎えるにあたり、ライチョウ会議が発足することになった。博物館がこれまで取り組んできたライチョウ研究を総括し、今後博物館が取り組む研究の方向性や役割について、全国的な視野に立って検討するためである。また、ライチョウに関係する人々が一堂に会し、情報や意見を交換しながら、たがいに学びあえる場としての役割もある。一年前から設立準備会がつくられ、二〇〇〇年八月三一日に、第一回ライチョウ会議設立大会が大町で開催された。

当日は、ライチョウの研究者や山岳関係者などのライチョウ関係者のほか、一般市民合わせて七〇人ほどが参加。そこで議長に選ばれた私は、ライチョウがトキやコウノトリのように絶滅することがないよう、多くの方々の叡智を結集し、いまのうちからしっかりした調査研究とそれに基づいた保護対策を確立することで、絶滅を回避したいと挨拶し、決意を述べた。これは、恩師の羽田先生の思いと遺志を私自身が引き継ぐという宣言でもあり、以後研究室として、ライチョウの研究を本格的に再開することになった。

二回目の大会は翌年に同じ大町で開催され、以後は富山県の立山、東京農工大学、山梨県南アルプス市、静岡市と、ライチョウが生息する県を中心に毎年場所を変えて開催している。二〇一二年には、第一三回大会が岐阜県高山市で開催された。ライチョウ研究者のほか、山岳関係者、地元の自然保護団体、国や県などの行政担当者、さらに最近では動物園の飼育担当者など、ライチョウに関係する幅広い人々が年に一度集まり、研究成果や各地の山での生息状況が報告され、保護について論議されている。また、大会のたびに一般市民を対象にしたシンポジウムも開催され、ライチョウについての知識の普及、現状の理解と保護活動への協力などをお願いしてきている。

動物園でスバールバルライチョウの飼育開始

大町市は、博物館で飼育していた最後の個体が死亡したのを受け、二〇〇四年秋にライチョウの飼育と研究を今後どうするかを検討する保護事業策定委員会を設置した。私も委員に加わり検討した結果、博物館がこれまで培ってきた技術をいかし、ライチョウの飼育技術を確立することは、この鳥の保護の観点から重要であること、そのためには第一段階として、飼育に成功しているノルウェーの亜種、スバールバルライチョウを用いて人工繁殖技術を確立した上で、第二段階として日本のライチョウで飼育を再度試みるという案をまとめ、市長宛てに提出した。そして、博物館の職員がスバールバルライチョウ飼育の指導を受けるため、ノルウェーのトロムソ大学を訪れた。

計画案には、新しい飼育舎の建設、専門の職員の新たな雇用なども盛り込まれており、およそ三二〇〇万円の資金が必要だった。しかし、これだけの資金を自前で大町市が用意するめどが立たず、環境省や長野県に資金の一部援助を依頼したが、援助は得られな

長野市茶臼山動物園で行っているスバールバルライチョウの飼育。
外国の亜種で飼育技術を確立し、日本のライチョウ飼育に将来役立てる試みである。

かった。その結果、ライチョウの保護増殖事業は、地方の一市町村が取り組む事業のレベルを超えているとして、四〇年間にわたって続けられてきた飼育事業は技術の完成をみないまま、二〇〇六年に中断されることになったのである。

この事態を受け、策定委員会の委員でもあった当時上野動物園の小宮輝之園長の決断で、極地域の動物の飼育展示計画の一環として、スバールバルライチョウの飼育を上野動物園で試みることになった。動物園の飼育担当者がトロムソ大学に飼育の技術指導を受けに訪れ、その帰りに受精卵をもらってきた。二〇〇八年、その卵の人工孵化に成功し、上野動物園でスバールバルライチョウの飼育が開始された。

翌二〇〇九年、上野動物園で開催された第一〇回ライチョウ会議大会では、スバールバルライチョウの飼育に関する報告と検討が行われ、ライチョウの保護のため、当面はスバールバルライチョウの飼育に取り組んでゆく方針が決まった。上野動物園で増えたスバールバルライチョウは、その後、富山市ファミリーパークなどに貸し出され、現在、五園での分散飼育が行われている。

ケージ内保護の試み

飼育技術を確立し、人の手で育てたライチョウを野外に放鳥するまでには、まだかなりの時間が必要である。その間、ライチョウが生息する現地での保全策として、いますぐにでも取りかかれることはないだろうか。ライチョウ会議などで検討し、提案されたのは、孵化後の家族を一か月間だけ、ライチョウが生息する高山帯に設置したケージの中で、安全に保護する方法だった。

先に述べたように、日本のライチョウは孵化後一か月間の雛の死亡率が高い。その原因は、雛が孵化する時期はちょうど梅雨明けの時期にあたり、天候が悪いことと、オコジョなどによる捕食のためであることがわかっている。そのため、雛が自分で体温調節ができ、充分に飛べるようになるまで安全なケージの中で人が守ってやり、その間の生存率を高めよう、という試みである。

孵化後の家族を一か月間ケージ内で保護する方法を確立して実用化すれば、将来減少が著しい山で数の減少をくいとめることができるだろう。ひとつの山で二家族、計一二羽ほどの雛を無事育て、その多くが成鳥になってくれればよい。また、八ヶ岳、中央アルプス、白山といったすでに絶滅した山に、この方法で育てた数家族を放鳥し、繁殖個体群を復活させることにも役立つ。これらの絶滅した山岳に、ライチョウがまとまった数生息できる環境がまだ残されているなら、将来に備え、繁殖個体群をいまのうちから復活させておくことも必要だろう。さらに、動物園などでライチョウを飼育する場合、かつて大町山岳博物館で行われたように、この方法で育てた雛を飼育することも考えられる。これまでの飼育経験から、山でライチョウの卵を採集し、人工孵化した雛を人が育てるよりも、繁殖経験を持った親が自分で育てる方が繁殖成績はよいことがわかっているからである。

いかにケージを使って家族を保護するか

環境省長野自然環境事務所と信州大学の私の研究室がいっしょになり、二〇一一年度から孵化後の家族を一か月間、ケージを使って保護する方法を検討することになった。実施にあたっては、まずどこの山で行うかを検討し、そこで実施する許可を環境省のほか、林野庁、文化庁、さらに関係する県や市町村から得る必要がある。検討した結果、乗鞍岳の弥陀ヶ原にある東大宇宙線観測所の敷地内が最適、という結論にいたった。

実施場所の見通しをつけたところで、環境省、林野庁、文化庁の関係者のほか、地元の岐阜県と長野県の自然保護や文化財関係者などからなる現地視察と検討会を二回実施した。そこで、以下のような手順とやり方でケージを使って保護することがほぼ了解され、許可申請の手続きに入ることになった。

まず、ライチョウがなわばりを確立する五月から六月の時期に、東大宇宙線観測所を中心にした地域のなわばり分布を明らかにする。六月に入って雪が解けたら、宇宙線観測所の敷地内に金属性ケージ一個（大）と木製のケージ二個（中・小）を設置する。七月上旬から中旬にライチョウの雛が孵化したら、二名ほどでケージの近くにいる一家族をケージのある場所に時間をかけて誘導する。

ここで重要なことは、家族をケージの中に誘導する点にある。決してライチョウを人の手で捕獲し、ケージの中に押し込めるのではない点に注意してほしい。もし、孵化したばかりの雛を連れた家族を捕獲すれば、パニック状態になってしまう。雌は人を警戒し、雛には人は危険ということが刷り込まれ、以後人になつかなくなる。そうなれば、強制的にケージに収容し、ケージの中にずっと閉じ込めて飼育しなければならなくなる。そうしないためにも、家族をスムーズにケージに誘導することが重要なのである。

ケージに誘導した家族は、翌日にはケージから出してやり、日中は外で生活させる。人が家族に付き添うことで、捕食者からの危険を避け、夕方にはまたケージに収容する。捕食の危険性は、昼間より夜の方が高いからである。その後も毎日可能なかぎり日中はケージの外に出してやり、雨や強風などで天候が悪くなったら、ケージ内に誘導する。そしてシートをかけるなどして、悪天候を回避するのである。家族の世話は、三名の専任の担当者が交代で、常時二名が常駐できる体制を組み、世話をすることになる。

ひとつのケージで一〇日間ほど家族を保護すると、ケージの中が糞で汚れる恐れがあるので、隣のケージに移し、三つのケージで約一か月間保護する。そして、雛が充分飛

仮設置されたライチョウの家族を保護するケージ。
このケージを使って、孵化後の家族を1か月間保護する手法の検討が行われる。

べるようになり、体温調節ができるようになった段階で、ケージを使った保護を中止し、以後は野外で家族が自由に生活できるようにする。これが、「孵化後の家族一か月間ケージ内保護」である。

この方法を「ケージ内飼育」とはいわない点にも注意してほしい。飼育といえば、動物園などで人がすべて世話をして飼うことを連想しがちだ。しかし、この場合は、もともと彼らが生活している自然の中で、家族をほぼ自由に生活させ、人が悪天候や捕食者から雛を守ってやることを目的にしているからである。

三年間かけて検討

この事業の最終目標は、三年間かけてケージによる雛の安全確保技術を確立し、実用化することである。そのための事前調査が、すでに二年かけて実施されている。ケージ設置場所の植生調査からはじまり、孵化後の家族の行動調査、ケージの試作、孵化後の家族一か月間の摂食量の推定までが、すでに調査された。また、二年目には実際に家族をケージに誘導し、収容を試みた。三年目の二〇一三年は、実際に一家族を一か月間、ケージで保護する予定である。そのため、私は六月後半から八月中ごろまでの二か月間はずっと現地に詰め、アルバイトの方といっしょにケージを使って、家族を保護することになっている。

ここにいたるまでには、じつに多くの方に実施の意義や方法を説明し、意見を聞く機会を持った。二〇一二年には、松本で開催された第一二回国際ライチョウ・シンポジウムの折に、外国の研究者にも計画を説明し、意見を聞いた。外国の研究者にとって、この方法は最初、理解に苦しむものだった。家族をケージの中に誘導するのであって、決して捕獲して入れるのではない、と説明したとき、多くの外国人研究者はいぶかり、「信じられない！」という反応をした。無理もない。日本と外国では、人に対するライチョウの警戒心がまるでちがうからである。会議後、多くの参加者が乗鞍岳や北アルプスに現地視察に訪れ、孵化したばかりの雛を連れたライチョウの家族を目の前で観察し、本当に人を恐れないことに感動してくれた。この段階で、ようやく日本のライチョウなら、捕獲しないでもこの方法が可能だということを理解していただいた。そう、この方法は、日本のライチョウだからこそ、可能な方法なのである。

15章 野生動物の保護とは？

絶滅危惧種IB類に指定されたライチョウ

二〇一二年八月、環境省から第四次のレッドリストが公表され、ライチョウは絶滅の危険性が増大している絶滅危惧種II類（VU）から、近い将来に絶滅の危険性が高いI類（IB）に変更された。絶滅の危険性が、より高い種に格上げされたのである。これを受けて、一〇月三一日付けで文部科学省、農林水産省、環境省の三省合意による「ライチョウ保護増殖事業計画」が策定された。計画書では、ライチョウは日本の山岳生態系を象徴する種であり、日本の生物多様性を保全していくためにも重要な種のひとつとしている。そして、生息に必要な環境の維持、および改善を図るとともに、飼育繁殖技術を確立し、絶滅した山岳への再導入などを検討することで、自然状態で安定的に存続できる状態に回復することを目標とする、としている。

この保護増殖事業計画を具体化するために、平成二五年度から「ライチョウ保護増殖事業検討会」が設置され、計画案の実施が検討されることになった。ライチョウ関係者が一〇年以上にわたり、ライチョウ会議大会を開催して研究成果の発表や情報交換を行い、保護について検討を重ねてきたことが、ようやくここにきて実を結んだ。これからは国の事業として、保護活動が実施されることになったのである。

一般に「種の保存法」といわれている「絶滅のおそれのある野生動植物の種の保存に関する法律」により、「国内希少野生動植物種」に指定された種のうち、「保護増殖事業計画」が策定された種については、国による保護の取り組みが行われる。ライチョウが国の特別天然記念物に指定されているにもかかわらず、ずっと保護増殖事業の対象になってこなかった理由には、環境省が作成しているレッドデータブックの存在がある。

レッドデータブックは、絶滅の危険性のある種について、ランク付けして示したもので、それ自体は大変意義あるものである。問題なのは、このランクの上位にある種から保護増殖事業に取り組む、という誤った考え方が、今日までずっととられてきたことにある。以前、レッドデータブック作成にかかわる複数の委員から、「生息数が二桁（一〇〇個体以下）にならないと、国の保護増殖事業の対象にはなりませんよ」と平然といわれ、思わず耳を疑ったことがある。ライチョウの生息数は三〇〇〇羽なので、「当然無理だ」

といいたいのである。これはたとえていうなら、「危篤状態になれば治療にあたるが、それまでは放っておく」ということである。

われわれ日本人はトキやコウノトリを通して、この考えがいかに間違ったものであるかを、これまで学んできたのではなかったか。

トキとコウノトリが残した教訓

江戸時代までは、一般人の狩猟が禁止されていたことで、国内の多くの野生鳥獣は保護されていた。トキとコウノトリもそうである。ともに日本の水田環境に適応し、江戸時代までは全国各地でごく普通にみられる鳥だったが、明治期に入ってから大きく数を減らしていった。一般庶民が鉄砲を持てるようになった結果、農業被害をもたらすニホンジカ、イノシシといった大型哺乳類とともに、水田の害鳥だったトキとコウノトリも狩猟の対象となり、各地で数を減らしたのだ。さらに、第二次世界大戦後の里山環境の破壊、とりわけ農薬の使用と土地改良や河川改修による餌場の消失が、減少に拍車をかけることになった。

その結果、コウノトリは豊岡が日本最後の生息地となった。兵庫県と豊岡市が一九六四年にコウノトリ飼育場を建設し、飼育を開始したが、一九七一年に最後の一羽が死亡し、日本から姿を消した。一方、トキは佐渡が最後の生息地となった。一九六六年に新潟県トキ保護センターが開設されて飼育がはじまったが、一九八一年、最後に残った野生の五羽が捕獲され、野生のトキはいなくなった。そして二〇〇三年には、最後の飼育個体「キン」が死亡し、日本のトキは絶滅してしまったのである。

その後コウノトリは、一九八八年にロシアからの寄贈個体で、またトキは、一九九九年に中国からの寄贈個体で、ともに飼育繁殖に成功し、数を増やすことができた。コウノトリは二〇〇五年から試験放鳥が開始され、二〇〇七年には四六年ぶりに野生下での巣立ちに成功した。一方トキは、二〇〇九年から試験放鳥が開始され、二〇一二年に三六年ぶりに野生下での巣立ちに成功した。飼育開始から、コウノトリでは四三年ぶり、トキでは四六年ぶりのことである。

絶滅した日本のトキとコウノトリがわれわれに残した教訓とは、一体何だったのか。それは、一度その生息地で絶滅した動物を人の手で復元することは、きわめて困難だということである。両種ともに、保護に手をつける時期があまりにも遅すぎたのだ。

野生動物の保護とは何か

世界ではこれまでに、多くの野生動物を絶滅させてきた。絶滅した野生動物がたどった過程をみると、共通したプロセスがみえてくる。自然の中でバランスが取れた状態で生息しているときには、生息数は年によって変化はみられるものの、ほぼ一定のレベルを変動している。そこに、人による生息地の破壊、外来生物の侵入、環境汚染などの安定を乱すマイナス要因が働くと、生息数は減少に転じはじめる。減少が進んで分布域が狭まり、ほかの集団との交流が絶たれて孤立化が進むことで、以後急速に生息数が減少し、自然状態では数の回復が困難な絶滅期を迎える。集団の遺伝的多様性が失われ、近親交配が起こりやすくなり、性比が偏るなど、個体数の維持を阻害するさまざまな要因が働くからである。この段階になっていくら保護に手をつけても、もはや手遅れである。日本のコウノトリとトキがたどった道も、まさにこの通りだった。

集団が長期間にわたり維持されるには、まとまった数が必要である。その最低限の数は、存続可能最少個体数（ＭＶＰ）といわれる。人により見解は異なるが、その数はほぼ一〇〇〇個体とされている。野生動物の保護に手をつけるのは、この数になる前の、個体数の減少が目にみえてきた段階であり、まだ野生の個体群がある程度まとまって存在する段階なのだ。この段階で減少の原因を突き止め、適切な対応をとることで、少ない経費で絶滅を回避できる。だから、レッドリストのランクの上のものから手をつけていくという発想は、危篤状態になってから最新の医療技術を駆使し、時間と労力、お金をつぎ込んで治療にあたるのと同じであり、第二、第三のトキやコウノトリを生み出すことにしかならないのである。

日本のトキとコウノトリで最も悔やまれるのは、保全に手をつけるのがあまりにも遅すぎたために、飼育で数を増やす方法しか残されていなかったことだ。両種とも、野生での生態がわからないまま絶滅してしまったので、飼育は試行錯誤からはじめざるを得ず、飼育技術の確立にいたるまでには、ともに四〇年以上かかることになったのである。

だが、ようやく飼育技術が確立され、数を増やすことができても、すぐに野生にもどせるわけではない。トキの例では、二〇〇四年度から、国は三年間で約一五億円の大型予算をつけ、約四億円をかけて佐渡に大型馴化ケージを用意し、野外に放鳥するための訓練が行われた。さらに、訓練を終えた個体を野外に放鳥しても、すぐに繁殖を開始し、数が増えるわけでもない。先にもふれたように、放鳥してから最初のひとつがいが雛を巣立たせるまで、コウノトリでは二年、トキでは三年かかっている。人が育てて訓練しても、野生で「生きるすべ」を人が教えるには、限界があるからである。昆虫など、親の世話が必要ない動物では、生きるすべは生まれたときから遺伝子レベルで確立されているので、生息に適した環境が残されていれば問題ないだろう。だが、鳥や哺乳類などでは、そうはいかない。生きるすべの多くは、親の子育てを通して身につくものだからである。

「野生復帰」とは、人の育てた個体を単に野外に放つことではない。人の育てた個体が自活し、繁殖を重ね、個体群が安定的に存続可能となる最低限の一〇〇〇個体にまで増えたとき、初めて野生復帰といえるのだ。だから、最初のひとつがいが雛を巣立たせたことは、野生復帰の最初の第一歩にすぎず、本当に大変なのは、むしろこれからなのである。たとえ今後、順調にいったとしても、数十年から半世紀はかかる大事業となる。そのためには、それだけの個体が生活できる広大な環境を、これから日本の中に整えていくことが必要になる。農業の効率化を推し進める過程で両種を絶滅に追いやったわけなので、これから半世紀かけて、いままでとは逆の努力を本気になってしなければならない。トキとコウノトリがわれわれに教えてくれたことは、絶滅に瀕した動物を域外保全で野生復帰する事業が、いかに途方もないものであるか、ということである。

私が日本鳥学会の会長を務めていた五年ほど前、環境省が「生息域外保全基本方針」を作成したので、鳥学会としての意見を求められたことがある。学会の鳥類保護委員会とともに中身を検討したところ、「本質的なところに大きな問題がある」との結論にいたった。野生動植物の保全には、その動植物が生息、あるいは生育している現地での「域内保全」が基本である。動物園などで飼育や栽培技術を確立しても、その動植物が野外で生活していける環境が残されていなければ、単に動物園などでの見世物に終わってしまう。だから、絶滅危惧種を保全するには、どんな要因がその種を絶滅の危険に追い込んでいるのかを野外で解明し、生息域内で適切な対策をとることが重要なのだ。それに対し、生息域外保全は、あくまでそれを補完する役割を果たすものである。その本質な点をあいまいにして、域外保全を先行させることは、本来の域内保全への取り組みをいっそう弱めることになりかねない。そのため、環境省が基本方針を取りまとめたこと自体は評価した上で、絶滅危惧種の保全には、本来の生息域内保全を優先すべきであることをあえて指摘し、会長名で意見書を提出した経緯がある。

時間はかかるが、それを抜きにしては、希少野生動物の保護は成り立たないのである。域外保全が効果を発揮するのは、まだ野生の個体群がある程度まとまった数で存在する段階である。人が育てた個体であっても、その地域で生きるすべを教えてくれる先輩の個体が存在すれば、域外保全は野生復帰に大きく貢献できる。

絶滅の危機を乗り越えた取り組み

最近になって、私は日本の鳥類の保護の歴史を振り返り、評価する必要に迫られた。過去の歴史や資料にふれ、あらためて認識したのは、生息現地で多くの方が献身的な努力をしたことで、絶滅の危機に瀕した多くの鳥が、これまで守られてきたことだった。

その典型例が、アホウドリである。この鳥は、かつては伊豆諸島、小笠原諸島、大東諸島、尖閣列島などの島に数百万羽が繁殖していた。一九世紀の終わりから二〇世紀のはじめ、羽毛を得るため、日本人の狩猟者によって大量捕殺が行われた。その結果、繁殖地がつぎつぎと失われ、最後の繁殖地となった伊豆諸島の鳥島では、一九三九年には三〇～五〇羽となった。その後、一九四九年の調査で姿が確認できなかったことから、一時アホウドリは地球上から絶滅したと報じられた。だが、一九五一年になって気象庁鳥島観測所の所員により、十数羽の生息が確認された。所員たちの献身的な努力で、一九六〇年代前半には毎年二十数つがいが繁殖するまでになり、二年後には特別天然記念物に昇格指定された。しかし、一九六五年には噴火の危険性が高まったため、鳥島観測所は閉鎖され、以後保護活動は中断してしまった。

一九七三年になって、イギリス人の鳥学者、ランス・ティッケルが鳥島を訪れ、二四羽のアホウドリの雛を確認した。その帰途、京都大学に立ち寄った彼は、当時大学院生だった長谷川博氏と出会うことになる。彼の熱意に強い刺激を受けた長谷川氏は、その後東邦大学に職を得、一九七六年から給料の大半をつぎ込んで毎年鳥島を訪れ、調査を開始することになった。それにより、アホウドリの保護活動は飛躍的に前進した。現地調査から数の増加を妨げている要因を明らかにし、適切な対策がとられるようになったからである。それから三五年後の現在、彼の献身的な努力はいまも続けられており、鳥島のアホウドリの繁殖数は五〇〇つがいにまで回復した。鳥島の後に生息が再確認された尖閣諸島でも数が回復し、現在では、かつて生息していた小笠原諸島への再導入が試みられ、絶滅の危険分散が図られるまでになった。

同様に絶滅に瀕した段階で、地元の研究者や愛鳥家による献身的な努力で絶滅を回避できた例が、北海道のタンチョウとシマフクロウ、千島列島で繁殖し、冬に日本列島にやってくるカナダガンの亜種シジュウカラガン、さらに中国山地のブッポウソウなどである。

二〇一二年、日本鳥学会が創立一〇〇周年を迎えた。その一〇〇周年を祝う記念式典で、私は「日本鳥学会の一〇〇年のあゆみ」と題し、記念講演を行った。講演では、学会が果たした希少野生動物の保護についても総括し、学会員の献身的な努力により、絶滅の危機に瀕した多くの鳥が守られてきたことにふれ、いかに生息現地での対応が重要であるかを強調することになった。その後で、多くの努力にもかかわらず、絶滅から救えなかったトキとコウノトリが残した教訓にふれ、希少野生動物の保護のあるべき姿について言及して、学会としての総括とした。

野生動植物の保護については、保護に携わる行政関係者と現場の研究者との間に、これまでかなりの認識のずれがあり、学会からたびたび保護を求める決議文や要望書が出されてきた。一〇〇年の過去を冷静に振り返ることで、国などの野生動植物の保護に携わる行政関係者と、研究者の組織である学会との間で、保護に対する共通認識を持つきっかけになったことは、大きな成果と考えている。

三省合意による「ライチョウ保護増殖事業計画」では、この反省を踏まえ、「健全な野生の個体群が存在するいまの段階から」、域内保全と域外保全にあたることを明記している。「二桁になるまでは保護増殖事業に取り組まない」といってはばからなかったころにくらべれば、大きな前進といえるだろう。この計画がスタートしたことを契機に、域内保全を基本とし、域外保全とのバランスのとれた保護が、今後行われるようになることを心から期待したい。

16章 なぜ日本のライチョウは人を恐れないのか？

人を恐れない日本のライチョウ

さて、これまでに何度も日本のライチョウが人を恐れない点にふれてきたが、その理由について、ここであらためて考えてみることにしたい。

山に登り、ライチョウと出会ったことのある人なら、人を恐れないこの鳥に強いインパクトを受けた方も多いだろう。数メートルの距離に近づいても人を恐れない野生動物に接する機会など、ほとんどないからである。では一体、ライチョウはなぜ人を恐れないのだろうか。私は学生のころからライチョウに接していたにもかかわらず、このことを疑問に思うことは一度もなかった。ライチョウはそういう鳥だということで、最初から納得してしまっていたからである。だが、そうではないことに気づく機会が、四〇歳をすぎて訪れた。

一九九三年の夏、信濃毎日新聞社が創立一二〇周年を迎えるにあたり、同系列の信越放送とともにアリューシャンの自然と登山のニュースを放映するプロジェクトが組まれた。そのさい、私も学術調査員として参加することになった。アリューシャン列島には、ライチョウが生息している。外国のライチョウをぜひみてみたいというのが、私の参加理由だった。

北緯五三度より北に位置するこの列島では、寒冷のために木は育たず、海岸からすでに日本の標高二四〇〇メートル以上の高山帯に相当する気候だった。ライチョウは、海岸付近から氷河でおおわれる標高七〇〇メートル付近に生息し、ここでは高山の鳥ではなかった。最も驚いたのは、ライチョウから五〇メートルほどの距離まで近づくと、飛んで逃げたことである。そのため、写真に撮ることができなかった。日本のライチョウなら、数メートルの距離まで近づいて姿や行動をじっくり観察し、写真撮影もできる。だが、ここのライチョウは、人に対する警戒心が、日本のライチョウとはまったくちがっていたのである。アリューシャン列島の後にアラスカにも寄ったが、ここのライチョウもまた、人の姿をみると飛んで逃げることを確認した。

さらにその二年後には、イギリスのケンブリッジ大学に一年間滞在する機会があり、その折にスコットランドを訪れ、ライチョウを観察することができた。しかし、ここのライチョウも同様に警戒心が強く、近づいて写真に撮ることができなかった。私はこの時点で、人を恐れない日本のライチョウの方が、むしろ特殊であることに気づいたのである。

一体なぜ、日本のライチョウだけが人を恐れないのだろうか。私は外国のライチョウをみたことで、初めてこの疑問に向き合うことになった。アリューシャン、アラスカ、スコットランドでは、ライチョウが狩猟の対象となってきたのに対し、日本では狩猟の対象とならなかったことが、その直接の原因であることはすぐに理解できた。しかし、なぜ外国では狩猟の対象になったのに、日本ではならなかったのか。その本質的な点についてはは、すぐには答えを見出すことはできなかった。この点に納得のいく答えが得られたのは、カッコウの研究で外国を訪れる機会が多くなり、外国の自然と文化にふれ、欧米文化と日本文化の本質的なちがいが理解できてからである。アリューシャン列島での調査をきっかけに、ライチョウへの関心がふたたび高まるとともに、この謎は私の中で、すこしずつ解けていくことになった。

山岳信仰と稲作文化

日本には古くから、高い山には神が鎮座するという山岳信仰がある。修験道に代表されるこの山岳信仰は、日本に古くからあった山岳信仰と、大陸から伝来した仏教とが一体となったものである。山にこもって修行し、悟りを開くという山岳と密接に関係した宗教で、七世紀に大和国を中心に活動していた役行者《えんのぎょうじゃ》が開祖とされ、江戸時代までの長い間、庶民の間で広く流布していた。高野山、比叡山、長野県の戸隠山は、修験道の霊山として、かつては大変栄えていた。

では、なぜこのような山岳信仰が、長きにわたって日本人に受け入れられてきたのだろうか。日本の歴史を通観し、たどり着いた結論は、その原因が日本の自然と文化にあるというものだった。

四季を通して雨が降る日本は、広く森でおおわれた国だ。縄文時代以前には、その森の中を大小の河川が流れ、いたるところに湿地、池、湖があるというのが、日本本来の自然の姿だった。その後、大陸から稲作文化が入り、湿地や平地の森が開墾されて水田がつくられるようになり、平地に開けた環境が広がった。稲作は、山から水を引いて洪水に備えるなど、共同作業が必要である。そのため、水田の近くに集落をつくって定住する生活が基本となった。集団全体をまとめる政《まつりごと》の中心として、集落には神社が祀られた。また、水を引いて水田にすることが困難な場所は、野菜類を栽培する畑として開墾された。こうして、今日の里の環境がつくり出された。

それに対し、里に隣接した里山の森は、田畑の肥料となる落ち葉や刈り敷きを得たり、薪や炭などの燃料を得たり、また家を建てる木材を得たりする場として、大いに利用された。里山は人が住む場所として、里とともに生活の場であった。その里山に対し、里から離れた奥山には神が祀られ、人がみだりに入ることが制限されていた。水田耕作で最も重要なのは、水の確保である。そのためには、奥山の森に手をつけてはいけないことを、人々は経験を通して知っていたのである。こうして、里と里山は人の領域、奥山は神の領域として使い分ける、日本文化の基本的な形態が確立された。

修験道に代表される山岳信仰は、まさにこのような日本文化の基本構造の中で、うまく機能してきたと考えられる。人々は山を畏怖しながらも、ときには日常を離れて神との一体化をもとめ、山に登ることもあった。そして厳しい修行により霊験を得て、ふたたび里にもどり、生活の中に生かした。だからたとえ山に入ったとしても、神罰を恐れ、動物を殺して食べるといった殺生は、ほとんどしてこなかったにちがいない。

稲作を基本にしたこのような日本文化によって、日本の奥山は、先進国の中では唯一例外的に、今日まで豊かな自然を残すことになったのである。ライチョウの生息する高山は信仰の対象であり、奥山の最も奥の神の領域にすむライチョウは、日本人にとって長い間、「神の鳥」であった。だからこそ、日本のライチョウは今日なお、人を恐れないのだ。その意味で、人を恐れない日本のライチョウは、日本文化の産物といえるのである。これが、私が最終的にたどり着いた結論だった。

5月はじめの安曇野と北アルプスの常念岳。里と里山が広がり、
その奥に奥山がある風景が、日本の原風景である。

ライチョウが生息する各地の高山にも、かつての修験道の遺構が多数残されている。
乗鞍岳の登山道脇に置かれた古い石像。

信仰による保護から法律による保護へ

ただし、この考えが通用したのは江戸時代の終わりまでである。明治期に入ると事情は一変する。明治維新以後、新政府は欧米列国に対抗できる強力な近代国家をつくるため、急速に近代化を進め、土着的なものを切り捨てていった。その中で取られた政策が「神仏分離」である。この政策により、それまで千年以上にわたり、たがいに混ざり合う形で人々に受け入れられてきた神道と仏教は、強引に引き離された。神道は国家神道に移行し、仏教は廃仏毀釈運動によって、徹底的に弾圧されていくことになる。一八七二（明治五）年、神仏習合の象徴的存在だった修験道は廃止され、多くの神宮寺や修験寺が廃業に追い込まれ、当時何万人といた修験者が職を失った。

修験道が廃止され、山への畏敬の念が衰えるとともに、神罰を恐れない人たちが高山に入るようになり、ライチョウを撲殺したり、石を投げて殺し、食べたりということも行われるようになった。さらに、この時期には猟銃の普及もともなって、ライチョウはおそらく日本に移りすんで初めて、乱獲の憂き目にあった。ライチョウだけではない。ニホンオオカミ、コウノトリ、トキなど、後に絶滅の道をたどったさまざまな野生動物が、この時代に乱獲されたのである。ライチョウがそこまで追い込まれなかったのは、人にとって害獣ではなかったことと、当時はまだ、高山にはそう簡単に登れなかったためだろう。

一九一〇（明治四三）年、さすがに明治政府もライチョウの乱獲に憂慮し、ライチョウを狩猟法の「保護鳥」に指定して捕獲を禁止した。その後、一九二三（大正一二）年には、史跡名勝天然記念物保存法による「天然記念物」に指定された。しかし、一九三〇年代に入り登山者が急増すると、人による高山環境の破壊とライチョウへの加害が目立つようになり、戦後の一九五五（昭和三〇）年になって、文化財保護法による「特別天然記念物」に指定された。

このように、ライチョウは信仰の対象として長い間保護されてきたが、明治期に一度乱獲され、以後は法律によって保護されて、今日にいたっている。おそらく、弥生時代以前の縄文時代においても、高山は信仰の対象とされ、その時代から今日まで、日本のライチョウは短期間の例外をのぞき、本格的な狩猟の経験を持たずに、日本の高山で生き続けてきたのだろう。

外国のライチョウは狩猟鳥

日本では「神の鳥」として手厚く守られてきたライチョウだが、外国ではどうだったのだろうか。じつは日本以外のほとんどの地域では、ライチョウは古くから狩猟鳥で、現在でも多くの地域で狩猟されている。二〇〇四年の一〇月末、ノルウェーを訪れた折に、実際にライチョウの狩猟の様子をみる機会があった。首都オスロから車で四時間、この時期すでに山の上が白い雪でおおわれた地域がライチョウの生息地だった。そこで、鉄砲と犬を使ったライチョウの狩りを体験することができた。現地の人は、日本でのようにライチョウへの特別な思いは持っていない。秋の終わりが狩猟の時期で、半分はレジャーとして行われており、この時期になると山小屋にたくさんのライチョウが吊るされる。ノルウェーでは、ライチョウは冬の時期のグルメなのである。

ライチョウという同じ種類の鳥が、日本では神の鳥、外国では狩猟鳥なのだ。人によるこの扱いのちがいが、人を恐れるか、恐れないか、といったライチョウの行動のちがいをもたらした。ではなぜ、外国ではライチョウが神の鳥にならなかったのだろうか。それには、日本と西洋の文化のちがいが深くかかわっている。

ライチョウが人を恐れる西洋文化

日本の稲作文化に対し、欧米では牧畜文化が基本である。森を伐採して牧場とし、家畜を飼うという生活が基本となる。この文化のちがいを端的に示すのが、左の写真であ

日本についで南にライチョウが分布するピレネーの山。
ライチョウは森林限界の上に生息するが、森林限界のすぐ下には集落があり、
夏には古くから山の上まで牧畜が行われている。

る。二〇〇五年九月、フランスの南の端、ピレネー山麓にあるルションという小さな観光地で、第一〇回国際ライチョウ・シンポジウムが開催された。その国際学会の後、参加者とピレネーに生息する四種類のライチョウ類の観察に訪れたときの写真である。ライチョウは森林限界より上の高山帯に生息するが、森林限界のすぐ下に、古くからの集落があることに注目してほしい。ここでは、夏に高山帯まで家畜が放牧され、高山帯が人々の生活の場となってきたことを端的に示している。この点は、ヨーロッパアルプスやノルウェーでも同様だった。外国のライチョウは、日本のように人から遠く離れた場所にすむ鳥ではなく、ごく身近な鳥だったのである。ライチョウはキジの仲間なので、狩猟には適している。そのため、狩猟民族の歴史を色濃く持つヨーロッパでは、ライチョウが狩猟の対象となっているのは、いわば当然といえるだろう。稲作文化を基本にした日本だけが、世界の中で例外なのである。

奥山を残し、自然との共存を基本とした日本文化

稲作文化を基調にした日本文化と、ヨーロッパなどの欧米の牧畜文化には、本質的なちがいがある。それは一体何なのか。

私が最初に外国を訪れたのは、イスラエルだった。湾岸戦争がはじまる前の一九九〇

年三月に一か月間滞在し、この国の自然と文化にふれることができた。訪れて私が最も強く感じたのは、古くから文明の栄えた地であることと、現在の半砂漠ともいえる貧相な自然とのアンバランスだった。さまざまな古い遺跡や都市は、イスラエルが聖書の舞台だったことを物語っている。しかし、その反面、荒涼としたこの国の自然をみて、かつてこの地にあれだけの文明が栄えたことが、奇異に思えた。

地中海の東の端に位置するこの国は、南に行くほど、また地中海から遠ざかり東の内陸に行くほど、雨が少ない。東の端のヨルダンとの国境に、死海とよばれる海面下三九八メートルの湖がある。死海の近くには、まわりを断崖絶壁で囲まれたマサダという要塞があった。その上からの眺めは、まさに絶景だった。遠くには青く死海が見え、眼下には木がまったく生えていない山々が、侵食された岩肌を見せて取り囲む。かつてそこから流れ出した水がつくり出し、いまは水のまったくない河の跡が、死海へと続く平野部にいく筋も描かれていた。そこには、かつてローマ軍がマサダの要塞を包囲し、野営をした四角い石積み跡など、多くの遺跡が残されていた。

ここから見渡せる一帯は、かつてアラビアンナイトの時代には、草原の緑が一面に広がり、人々は牧畜を営んで豊かに暮らしていたにちがいない。しかし、文明が栄えた結果、緑を失い、牧畜も行えない乾燥した土地に変わって、文明も滅びてしまったのだろう。ここは、もともと雨の少ない地域である。羊などの家畜を飼うことを基本にした牧畜文化は、日本の稲作文化とは本質的に異なり、自然を徹底的に破壊する文化であることに気づいた。

その三年後の一九九三年には、スペインのトレモリノスで開かれた国際学会に参加し、会議後に地中海に面した低い山を訪れた。スペインもコロンブスがアメリカ大陸を発見した時代には、大変栄えた国である。そのころに広くおおっていたと考えられる豊かな森は、いまではすっかり失われ、以前にはなかった針葉樹がまばらに生えた、やせ山に変わっているのに驚かされた。地中海沿岸はかつて、日本の照葉樹林に似た一年中葉が緑のコルクガシなどの硬葉樹林でおおわれていた。そのころの名残の硬葉樹が、羊などの家畜が行けない崖に、へばりつくようにして生き残っているのをみて、牧畜による森の破壊力のすごさを知った。

地中海沿岸では、雨はおもに冬の時期に降るが、夕立のように降る。そのため、牧畜などで森がいったん伐採されると、土壌が流されてしまう。土壌を失うと、豊かな森は二度と甦らないことを、この自然をみて実感した。近くの村に立ち寄り、古い建物などから、かつては大いに栄えた村だったことを知ったが、いまは牧畜も満足に行えないやせた土地に変わっていた。森を失い、土地の生産性が落ちてしまうと、村も国もそれ以上に栄えることは難しいのだろう。

その後、イタリアのフィレンツェ、ハンガリーのブダペスト、オーストリアのウィーン、イギリスのケンブリッジを訪れることになった。いずれもかつては、非常に栄えた国と地域である。これらの外国を訪れ、理解できたことは、文明が栄えると緑を滅ぼし、緑が滅びて文明が滅びることを、世界の歴史は繰り返してきたということだった。チグリス・ユーフラテスの古代文明にはじまり、文明の中心は中近東から地中海沿岸、その後は北ヨーロッパ、そして現在はアメリカへと、つぎつぎに移っていった。欧米の牧畜文化は人間中心の文化であり、自然を徹底的に破壊していく。それに対し、日本は二〇〇〇年にわたり文化が栄えたにもかかわらず、人の住むすぐ近くに、いまも奥山という手つかずの自然を残している。里と里山は人の領域、奥山は神の領域として使い分けてきたからである。日本は世界全体からみると、その点で極めて特殊な国であることに、あらためて気づかされることになった。つまり、人を恐れることを知らない日本のライチョウは、まさにその日本文化のシンボルともいえる鳥なのである。

17章 奇跡の鳥・ライチョウの未来

国際ライチョウ・シンポジウム

二〇一二年七月、第一二回目となる国際ライチョウ・シンポジウムが、長野県の松本で開催された。ライチョウ科の鳥は、世界に一九種類いる。これらの鳥の研究者は、世界に三〇〇人ほどいて、研究の成果を発表し、保護について論議する国際会議が三年に一度、開催されている。

前回、二〇〇八年にカナダのホワイトホースで開催された会議で、招致のプレゼンテーションが行われ、日本開催が決まった。当初は三年後の二〇一一年に開催する予定だったが、同年三月に起きた東日本大地震と福島原発事故で延期となり、一年遅れての開催となった。あのような大惨事の後にもかかわらず、世界二〇か国から八六人の研究者が集まり、松本駅に近いエム・ウィングを会場に、七月二一日から四日間の会議が開かれた。

菅谷昭・松本市長による英語での歓迎挨拶からはじまった初日は、日本でのライチョウ研究の成果を、丸一日かけて発表する「日本セッション」と位置づけられた。その導入として私が、日本人とライチョウとの関わり、日本での研究の歴史、最近の研究成果の概要、ライチョウの現状と課題について、講演した。その後、遺伝子解析、個体群研究、換羽、さらに温暖化の影響予測など、すでにこの本でふれた最新の研究成果がつぎつぎに発表された。一〇年以上にわたり、多くの方と協力して、幅広く研究に取り組んできた成果である。

日本のライチョウについてほとんど情報を持っていなかった外国の研究者に、日本人にとってライチョウは特別な存在であること、古くから研究と保護活動が行われており、さまざまな分野にわたり最先端の研究が行われていることを知ってもらうことができた。この初日の思い切った企画が、外国の参加者に大きなインパクトを与え、翌日からの三日間の会議にはずみをつけることになった。

世界の研究者を驚かせた日本のライチョウ

会議終了後に実施した二泊三日の乗鞍岳と北アルプスでの野外観察会は、三日間ともに梅雨明け後の晴天に恵まれた。乗鞍岳からは南・北アルプスをはじめ、ライチョウの生息するすべての山岳、さらにかつて生息していた中央アルプス、白山、八ヶ岳をも見渡すことができた。表銀座コースからの穂高岳、槍ヶ岳、立山にかけての景観も素晴らしかった。登山コースとして表銀座を選んだのも、この景観の素晴らしさからである。また、この時期には高山植物がいっせいに開花し、外国の高山では見られないコマクサの花の最盛期にあたる。

日本の高山は、スケールの大きさでは、私が訪れたことのあるヨーロッパアルプス、北アメリカのカナディアン・ロッキー、さらにピレネーと比較すると、ごくごく小さなものだ。だが、景観の美しさとお花畑の素晴らしさは、はるかに優れている。氷河期に大陸から入ってきた高山植物は、その終焉とともに平地からそそり立った高山の山頂部に閉じ込められ、狭い面積にひしめくように、多様な植物が共存している。それが手つかずのまま、いまも残されているからである。そしてその下の亜高山帯には、手つかずの針葉樹林、さらにその下の一部には、いまもブナの原生林が残されている。

開催時期を七月下旬に設定したのも、参加した外国の研究者に、北アルプスの景観と自然、お花畑の素晴らしさを知ってもらうためだった。そのもくろみは晴天にも恵まれ、一〇〇%達成できたといってよい。

しかし、外国の研究者がもっとも驚き、感動したのは、日本のライチョウがまったく

国際ライチョウ・シンポジウムの野外観察会で、燕岳から常念岳の表銀座コースを登山し、ライチョウを観察した班のメンバー。燕山荘の前にて。

ライチョウの家族を目の前で観察し、感激する外国のライチョウ研究者。
このような体験は、日本の高山でしかできない。立山室堂にて。

人を恐れないことだった。それはわれわれ日本人にとって、当たり前のことだ。しかし、外国の研究者の中には、日本は公害大国であり、自然保護や野生動物の保護については、まったく顧みない国民（エコノミック・アニマル）であるという誤った印象を、いまだに持っている人もいる。それだけに、自分たちがとっくに失った手つかずの自然がまだ日本に残っており、その恵まれた環境の中で狩猟の対象とならず、人を恐れないライチョウが存在すること自体が、大変な驚きだったのである。

奇跡の鳥・ライチョウ

ライチョウが氷河期に日本列島に移りすみ、世界最南端の地で今日まで絶滅せずに生き残ってきたことを、私はまさに「奇跡」だと考えている。それは何万年にもわたって、小さな奇跡が幾重にも積み重なることで、はじめて可能となった「大いなる奇跡」である。

そもそも、日本にライチョウがすめる高山帯が存在すること自体が、奇跡であるといわれている。それを可能にしたのが、日本の高山特有の強風と多雪である。偏西風の影響で、強い西風が四季を通して吹き、冬期には大陸からの高気圧から吹き出す風が、日本海で温められる。それによってできた雪雲が高山に遮られ、日本海側に世界有数の多雪をもたらす。その結果、日本には本来よりも低い標高に高山帯が存在することになった。本州中部に高い山が存在し、このような理由で本来より低い標高にライチョウがすめる環境が存在したからこそ、氷河期以降、温暖化が進んだ日本でも、ライチョウの生存が可能だったのである。

つぎの奇跡は、日本の高山にハイマツが存在したことだ。ハイマツは、アジア極東に分布し、氷河期にライチョウと同様、日本列島に入ってきた植物である。ともに南アルプス南端の光岳付近が、分布の南限となっている。日本の高山には、捕食者の種類と数が、極地域にくらべて多い。しかし日本の高山には、この常緑のハイマツが広く存在したおかげで、それがライチョウの安全な営巣場所と隠れ場になったのである。天気のよい日に、ライチョウがハイマツに隠れて出てこなくなることは、ライチョウにとってハイマツの存在が欠かせないものであることを端的に示している。

そして何より驚くのは、氷河期以来、ライチョウ自身が長い時間をかけて獲得してきた、日本の高山環境へのあらゆる面での驚くべき適応と進化である。本来、四季がなく、ほとんど冬のみのツンドラに適応した鳥であるはずのライチョウが、これほどまでに高山の四季に適応することができなければ、日本で生き残ることはできなかった。体重の季節変化にはじまり、年三回にもおよぶ換羽から、繁殖や越冬の習性にいたるまで、ライチョウは見事なまでに、日本の高山の季節変化に合わせた生活を確立してきた。それはもはや、「奇跡」と呼ぶにふさわしい。かろうじて世界最南端の地で生き残った日本のライチョウたちは、ただひたすらに、いじらしいまでに、日本の高山環境への適応を果たしてきたのである。

だが、奇跡はそれだけではなかった。稲作を基本とした文化をもつ日本は、優れた文明を発達させた国でありながら、古代より奥山を信仰の対象として守ってきた。その結果、数多《あまた》の文明国で唯一、今日まで手つかずの高山環境が保たれてきたのである。と同時に、ライチョウは神の鳥として崇められ、狩猟の対象にはならなかった。こうしてライチョウは、いまも昔も特別な鳥として扱われてきたのだ。ライチョウが移りすんだ土地の人々が、そのような特異な生活文化を築き上げるという奇跡が起こらなければ、日本のライチョウは、とうの昔に絶滅していたにちがいない。

現在、われわれ日本人が、高山に行くと当たり前のように出会う愛らしいライチョウ。それは、こうしたさまざまな奇跡が幾重にも重なり合い、何万年もかかって形づくられてきた姿だったのである。しかし、その奇跡の糸も、近い将来、ついにとぎれようとしている。そのことを、われわれ日本人はどのように受け止めればよいのだろうか。

問われる現代日本人の自然観

現在、日本のライチョウに危機的な状況をもたらしているのは、本来、高山帯にはいなかった野生動物たちの、高山への侵入である。すでにこの一〇年間で、南アルプスの高山帯のほぼ全域にシカの群れが入って高山植物を食い尽くし、ほとんどのお花畑が失われてしまった。これと同じことが、北アルプスや乗鞍岳でも、これから本格的にはじまろうとしている。

南アルプスでのライチョウの生息数は、この三〇年間で半分以下に減少してしまった。その主な原因は、キツネ、テン、さらに最近では、ハシブトガラス、チョウゲンボウといった、いずれも本来は低山に生息する捕食者が高山帯へ侵入し、増加したためといってよい。今後、これらの捕食者による影響に加え、シカなどによる高山環境の破壊の影響が大きく出てくることが懸念される。

こうした異常事態は、何も高山帯にはじまったことではない。じつは、われわれの生活圏である里や里山で、野生動物の異常な増加が起きており、その影響が、人知れずはるか高山にまで及んでいたのである。田畑での農作物被害に続き、このごろでは町中にも大型野生動物が出没するようになった。二〇一二年には、長野駅周辺の市街地にツキノワグマが出没し、射殺された。それだけではない。ここ数年間にイノシシ、カモシカ、ニホンザル、ニホンジカも、市街地にたびたび出没し、その都度ニュースになっている。同様のことは長野市だけでなく、全国各地で起こっている現象でもある。

ここに至り、かつて日本文化によって確立されていた野生動物とのすみ分け構造は、完全に崩壊した。里と里山は人の領域、奥山は神の領域として使い分けた日本文化によって、人と野生動物とはうまくすみ分けてきた。このような日本文化を成り立たせていたのは、古来、日本人が当たり前に持ち合わせていた、自然に対する畏敬の念である。それが如実に失われていった明治以降、開発により、じつに多くの自然が失われていった。それから百年余を経て、ようやく人々の間に、自然に対する保護意識が芽生えはじめた。ところが皮肉なことに、今度は人に代わって増えすぎた野生動物たちが、最後に残された貴重な自然を破壊しようとしている。

一体なぜ、こんなことになってしまったのだろうか。戦後、生活が豊かになり、身近な自然から、薪などの資源を得る必要がなくなると、まわりの自然への無関心が一気に広まり、多くの山野が放置されていった。また、ペット文化が浸透したことで、日本人は野生動物をペットと同一視し、狩猟を罪悪視するようになった。人と野生動物との間には、かつてあったはずの緊張関係がなくなり、野生動物にとって人は怖い存在ではなくなってしまった。自然保護とは、草木を大切にし、動物の命を守ることであり、木を切ったり動物を殺したりすることなど言語道断、といった誤った考えが定着し、自然保護の意味が完全に履きちがえられてしまっている。生態系のトップにいたはずのオオカミもすでに絶滅し、野犬もいなくなった。その結果、日本の山野では、本来狩られる側の野生動物が安心して数を増やすことができたのである。

日本の自然とそこに生育・生息する貴重な動植物の保護に携わるのは、環境省、文化庁、林野庁である。行政では、現在日本で起きている野生動物の増加という事態を、どの程度深刻にとらえているのだろうか。二〇〇五年、フランスで開かれた国際ライチョウ・シンポジウムで、日本の高山に侵入したシカとサルについて発表した折、ヨーロッパの何人かの研究者からは、「すぐに駆除すべきだ」という意見が寄せられた。西洋人は、自分たちの祖先が行ってきたとてつもない自然破壊の結果と、それを再生することの困難さを、身をもって知っているからである。それ以来、高山でのシカの駆除をライチョウ会議大会などで広く訴えてきたが、行政は一向に手を打とうとしなかった。この問題は、火事と同様、初期消火が重要なのである。しかしその間、手をこまねいているうちに被害は南アルプス全域に広がり、ついにお花畑は失われてしまった。

「木を見て森を見ず」という言葉がある。環境省の予算の半分以上は、いまも絶滅したトキの保護増殖事業に使われている。その間にも、増えすぎた野生動物により、日本の貴重な自然全体の破壊が大きく進行している。こうした破壊によって絶滅の危険にさらされているのは、貴重な動植物のほとんどすべてである。また、トキやコウノトリの事業ばかりを連日詳細に伝え、本当の意味での自然保護や野生動物の保護から国民の目をそらしてしまっているマスコミの罪も、きわめて重い。行政もマスコミも、木ばかりみているあまり、何が重要かを判断する想像力が完全に欠如している。現在、増えすぎた野生動物により、日本の自然全体がどのような状況にあり、それが今後、動植物全体にどのような影響を及ぼしてゆくのか。そういう本質的なことには、まるで目を向けようとしない。

ライチョウは生き残れるか？

最後にもう一度、一八八〜一八九ページの写真をみていただきたい。シカ、サル、クマ、さらにはイノシシまでもが、平然と高山帯に侵入しているこの現状を、どのように感じられただろうか。おそらくこのようなことは、日本の有史以来、初めての事態だろう。これまでは数が抑えられていたため、餌の少ない亜高山帯の針葉樹林を越えてまで、高山帯に上がることはなかった。だが、いまや国立公園にも指定され、ライチョウの生息地となっている日本の貴重な高山の自然は、本来低山にすんでいるはずの野生動物により、破壊されようとしている。

世界最南端の地に残された楽園で、これまで奇跡的に生き延びることができた日本のライチョウ。それは、日本の高山という環境にあまりに特化して適応したがゆえに、それ以外の環境では生きていけない鳥であり、日本の最後の自然を象徴する鳥でもある。世界の研究者が驚くこの貴重な鳥を、貴重な高山の自然とともに、われわれはつぎの世代に残すことができるだろうか。

それを可能にするためには、増えすぎた野生動物問題を解決することが急務である。いま、この問題に国を挙げて取り組まなければ、日本に残された最後の自然は間違いなく失われる。それは、古来日本人が連綿と築き上げてきた、自然と共生する日本文化の崩壊をも意味することになる。そうなれば、もはやわれわれ日本人がよって立つ基盤はなくなってしまうだろう。そのぐらい大きなものが、いまこの瞬間にも失われようとしているのだということを、多くの人に気づいてほしい。

高山で人を恐れずに生きる日本のライチョウが、いまも無言で発し続けているメッセージは、とてつもなく重いものなのである。

日本の高山から、お花畑もライチョウも消えてしまった光景を想像してほしい。
私たちは2万年にわたる奇跡を、未来にまでつないでいくことができるだろうか。

あとがき

　私が最初にライチョウに出会ったのは、恩師の羽田先生と北アルプスの白馬岳を訪れた大学三年生のときである。それまでにも二度、ライチョウ調査で別の山を訪れていたが、どちらもライチョウをみることができなかったので、「三度目の正直」の出会いだった。とつぜん、登山道で砂浴びをする雌雄に遭遇し、ついに出会えたその姿に感激した。そして、本当に人を恐れないことに驚いたのを、いまでも鮮明に覚えている。

　その後も長い間、私にとってライチョウは、恩師・羽田先生の研究テーマであった。そのため本文でもふれたように、三〇代の初めに助手として信州大学にもどってから、羽田先生のお手伝いとして、なわばり分布調査をやり終えた後は、ライチョウの研究を続けたいという気持ちはまったくなかった。

　ところが、人生とはじつに不思議なものである。自分の研究テーマであるカッコウの研究で成果をあげるにつれ、外国を訪れ、外国の自然や文化にふれる機会が多くなった。そうした体験を通じて、ライチョウへの関心が、私自身の中から自然に芽生えてきたのである。そしていつのまにか、ライチョウは私が最も力を入れて研究する鳥になってしまった。

二〇一二年三月に信州大学を退職するまでの一二年間、私はライチョウの研究で年間に二〇日から七〇日間ほど、調査で山を訪れていた。この間に乗鞍岳で捕獲し、標識した個体の数は八〇〇羽ほどにもなる。その一羽一羽を個体識別することで、乗鞍岳のライチョウの入れ替わりをずっとみつめ続けてきた私は、多くの個体に愛着を持つことができた。子育ての途中で雌親に死なれてしまったものの、その後ひとりで何とか生き抜き、翌年立派になわばりをかまえて、繁殖した雄。死亡した雌親が残した雛をすべて受け入れ、自分の雛とともに多数の雛を育てあげた見事な雌親。また、三年間連続して卵を捕食され、子育てに失敗したにもかかわらず、つがい関係を変えなかった仲のよいつがいなど、感動した個体の思い出はつきない。

その一方で、個体の死は多くの場合、いつもいる場所にいなくなったことで、気づくことになった。中には、補食された場所に残された色足環から、その死を知ることもあった。捕獲を開始した二〇〇一年に標識し、その後一一年間生きた雄が、最後の年には雌を得られず、ついに姿がみられなくなったときには、さすがに胸が痛んだ。こうした多くの個体への愛着が、大変な研究を続ける励みになったのである。

さらに、私のライチョウ研究は、信州大学を退職しても終わらなかった。退職した年には国際会議を開くことになり、より本格的にライチョウの保護に取り組むことになったのである。そして現在は、信州大学の特任教授として、これまでと同様、多くの方と研究活動を続けている。

私がライチョウ研究を再開してみえてきたことは、多くの山での数の減少と、山岳環境の変化だった。ことに、羽田先生といっしょに調査していたころには考えてもみなかった、ニホンジカ、ニホンザル、イノシシといった本来低山にすむ野生動物の高山帯への侵入により、高山環境が破壊されていることに大きな衝撃を受けた。そのことに気づき、二〇〇六年には、前著『雷鳥が語りかけるもの』(山と溪谷社)を出版したが、その後の七年の間に、事態は当時の私の予想をはるかに上回る形で、深刻になっている。

本書は、前作に続いて、日本のライチョウの歴史と現状、さらには日本人にとってのライチョウの価値について、多くの方々に知っていただきたい、という思いで書かれたものである。私の研究は、羽田先生の長年にわたる研究があってこそ、はじめて意味を持つものだ。野生動物の保護は、長期的な視野に基づいた地道な基礎調査があってこそ、はじめて可能となる。そのことを、多くの読者に知っていただければ幸いである。

そして最後に、私が最も伝えたいメッセージを繰り返しておきたい。高山に代表される、日本に残された「最後の自然」ともいえる環境が、いままさに失われようとしている。それは、単にライチョウという一種の鳥の絶滅を意味するだけではない。日本列島の歴史において、日本人が自然を畏れ敬いながら、長い長い時間をかけて培ってきた自然と共生する生活文化をも、失おうとしているということである。この、日本文化の最大の基盤が崩壊することに対する危機感を、ひとりでも多くの方に共有していただきたいと願っている。私が、これほどまでにライチョウの研究と保護活動に打ち込むことになったのも、鳥の一研究という枠を超え、日本文化によって守られてきた最後の砦を守りたい、という切なる願いがあったからである。

本書の出版にあたっては、農文協の方々には大変お世話になった。また、編集者の土屋健二さんには、原稿の段階から貴重な示唆をいただいた。ライチョウの調査にご協力いただいた多くの方々とともに、心からお礼申し上げる。

二〇一三年七月　乗鞍岳にて

中村 浩志

中村浩志――なかむら・ひろし

1947年、長野県坂城町生まれ。1969年、信州大学教育学部卒業。1974年、京都大学大学院修士課程修了。1977年、同博士課程単位取得。1980年、信州大学教育学部助手、1986年同助教授、1992年同教授。2012年3月同大学退職。2012年4月から同大学特任教授・名誉教授。専門は鳥類生態学。理学博士。これまでの主な研究は、カワラヒワの生態研究、カッコウの托卵生態と宿主との相互進化に関する研究、ライチョウの生態と進化に関する研究など。2002年には、カッコウの研究で第11回「山階芳麿賞」を受賞。日本鳥学会前会長。ライチョウ会議議長。主な著書に『戸隠の自然』、『千曲川の自然』(ともに信濃毎日新聞社)、『甦れ、ブッポウソウ』、『雷鳥が語りかけるもの』(ともに山と渓谷社)などがある。

編集=土屋健二

デザイン=岡本健+

二万年の奇跡を生きた鳥　ライチョウ

2013年8月25日　第1刷発行

著　者　中村浩志

発行所　一般社団法人　農山漁村文化協会
〒107-8668
東京都港区赤坂7丁目6-1
電話　03(3585)1141[営業]　03(3585)1147[編集]
FAX　03(3585)3668
振替　00120-3-144478
URL　http://www.ruralnet.or.jp/

印刷・製本　(株)シナノ

ISBN978-4-540-12118-0